經營戰略

美國
MAMAA
中國
BATH

等全球15家尖牙企業,
七大關鍵字
洞見「未來優勢」祕密!

4.0
圖鑑

競爭戰略分析師
田中道昭———著

連雪雅———譯

「今後世界將如何改變？」

身為競爭戰略分析師，任職許多企業的顧問時，我被問過無數次這樣的問題。

目前，我們的日常生活及商業局勢以相當驚人的速度在變化。不光是長期的五年或十年後，就連一年後的狀況都相當難以預測。

針對開頭的提問，我總是回答：「**答案就藏在世界頂尖企業的『戰略』之中。**」

「戰略這種東西，不是只有創業者或經營者才要學習嗎？」或許很多人是這麼想的，但絕不是這麼回事。尤其在這個變化激烈的時代，學習「戰略」對每一位商務人士都大有意義。因為AI、5G、自動駕駛、行動支付等，這些在我們眼前的現況其實只是「過程」。而這些過程的「終點」在哪？線索就存在於世界頂尖企業的戰略之中。

接下來，本書將逐一說明**跑在世界最前端的頂尖企業戰略中，隱藏著各自的「下一步」（NEXT）**，而在那些「下一步」之中，就存在著「未來」。

為何現在那麼多人對未來感到不安呢？主因之一就是，**近年企業的戰略內容有了巨大的轉變。**

過去有許多日本企業如Toyota或Sony戰勝了美國企

業，獲得席捲世界的成就。但在網路急速發展的時期，那些**日本企業的戰略變得完全「過時」**。而Google、Apple、Amazon等美國科技巨頭，完全不把日本企業放在眼裡，橫掃全球。請參考下圖，這是Sony和Apple從2000年到2019年的市值變動。

Sony在2000年的市值超過13兆日圓（約3.25兆台幣），席捲了全世界。然而，之後Sony進入蕭條期，直到近年才總算出現復活跡象。可是到了此時，Sony與Apple的市值差距已經超過18倍。

Google、Apple與Amazon採取和過去截然不同的新戰略，藉此迅速推展事業，很快就進化為具有世界影響力的全球化企業，並**試圖建立起「前所未有的世界」**。

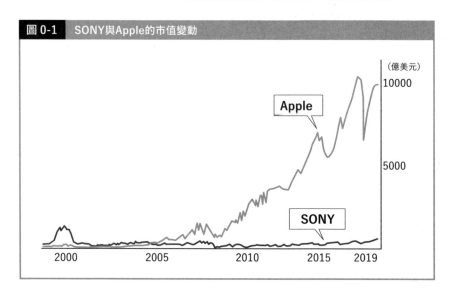

圖 0-1　SONY與Apple的市值變動

本書將這些跑在世界最前端的頂尖企業所採取的戰略，稱為**「戰略4.0」**，並進行詳細的分析。

「4.0」這個概念是基於「行銷之神」、美國經營學者菲利普・科特勒（Philip Kotler）提倡的「行銷4.0」理論。本書也會提到科特勒將行銷的進化分為「1.0」至「4.0」的階段，而且，隨著社會的數位化發展，行銷4.0已經成為主流。也就是說，「戰略4.0」是行銷4.0時代之下，最有效、最成功的商業模式。

為了讓更多從未學習過經營戰略的商務人士閱讀本書，書中盡可能不使用專業術語，並且搭配圖表，將戰略的精華濃縮在一本書內。

「今後世界將如何改變？」

「我們今後該如何改變？」

我想，當各位讀完本書，對於這樣的問題心中應該自會浮現答案。

田中道昭

CONTENTS

PART 1

世界的「最前端」現在發生什麼事？

PART 2

掌握「戰略 4.0」的全貌

※ 除非另有說明，本書內容皆是根據2020年2月底獲得的資訊編撰而成。另外，關於匯率，皆是以1美元＝110日圓＝27.5台幣換算。

PART 1

世界的「最前端」
現在發生什麼事？

三大觀點帶你解讀「戰略 4.0」！

就算我們想解讀「戰略4.0」的廣闊全貌，也會發現難以切入核心。在此，先為各位介紹「三大觀點」，當作解讀的線索。

第一個觀點是：「戰略4.0」有哪些**重要成員**。

目前，世界上有許許多多站在最前端的企業，本書鎖定了十五家做為「主角」，並將這些企業分為四組：**美國科技巨擘GAFA、戰略轉型成功的美國雙王、中國四朵雲BATH、日本五大戰略4.0企業**，個別進行說明。

第二個觀點：他們採取什麼樣的**「商業模式」**。

本書要介紹四種「戰略4.0」當中，最核心、最重要的商業模式：**平台、商業生態系、經濟圈、訂閱制**。也許各位都聽過這幾個關鍵字，對於具體內容卻沒有明確的認識。

最後，第三個觀點是支撐著「戰略4.0」的四項**「核心科技」**。這些科技非常重要，可說是「戰略4.0」不可或缺的要素。

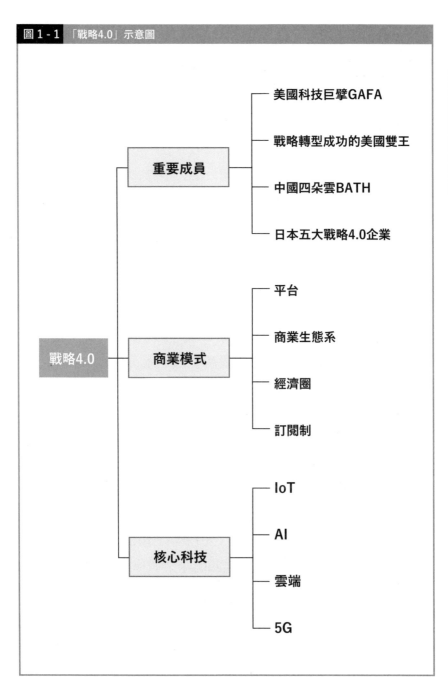

圖 1 - 1 「戰略4.0」示意圖

戰略4.0

重要成員
- 美國科技巨擘GAFA
- 戰略轉型成功的美國雙王
- 中國四朵雲BATH
- 日本五大戰略4.0企業

商業模式
- 平台
- 商業生態系
- 經濟圈
- 訂閱制

核心科技
- IoT
- AI
- 雲端
- 5G

美國科技巨擘 GAFA

近年，在美國陸續誕生了「經濟力足以和國家匹敵」的科技企業巨擘，其中的代表企業為 Google、Apple、Facebook 和 Amazon。

🏛 富可敵國的全球化企業

　　股票市值象徵著「企業價值」，而股票市值排名全球第一的 Apple，在 2020 年創下 2,745 億美元（約 7 兆 5,488 億台幣）的營收。這個金額甚至超過了芬蘭 2020 年的名目 GDP*：2,696 億美元（約 7 兆 4,140 億台幣）。**僅僅一個企業的營收，就超越一國的經濟規模**。順帶一提，芬蘭在 2020 年各國名目 GDP 排行中是第 44 名，第 43 名的哥倫比亞為 2,716 億美元左右，Apple 的營收和哥倫比亞的名目 GDP 可說是不相上下。

　　近年，**美國陸續出現了好幾間如此巨大的科技企業**。例如 2004 年上市的 Google、2012 年上市的 Facebook，再加上 Apple 和 Amazon，這四間企業並稱「GAFA」。

---

* 編注：名目GDP是指以現行市場價格計算的國內生產毛額，未排除通貨膨脹的影響。

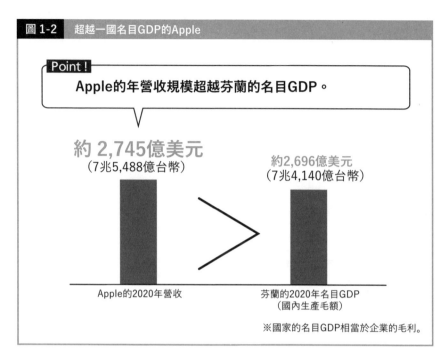

圖 1-2　超越一國名目GDP的Apple

Point！

Apple的年營收規模超越芬蘭的名目GDP。

約 **2,745億美元**
（7兆5,488億台幣）

約2,696億美元
（7兆4,140億台幣）

Apple的2020年營收

芬蘭的2020年名目GDP
（國內生產毛額）

※國家的名目GDP相當於企業的毛利。

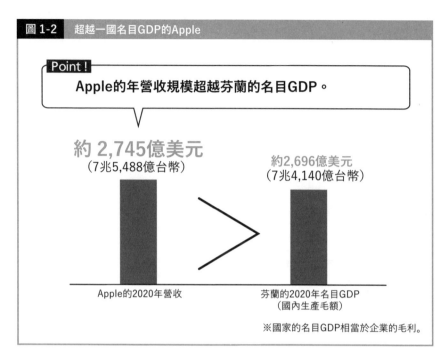

GAFA取自各企業名稱的第一個字母，這四家公司2020年的營收加起來竟高達9,291億美元左右（25兆5,502億台幣）。

GAFA的營收總額，和2020年國家名目GDP排名17的荷蘭（約9,131億美元）不相上下。

navigation 戰略4.0 的重要成員① 美國科技巨擘 GAFA

圖 1-3　美國企業市值排行TOP 10（2020年3月14日）

	企業名稱	市值（美元）
TOP 1	Apple 蘋果	1兆2,166億
TOP 2	Microsoft 微軟	1兆2,081億
TOP 3	Amazon 亞馬遜	8,808億
TOP 4	Alibaba Group Holding Ltd. 阿里巴巴集團	5,172億
TOP 5	Walmart 沃爾瑪	4,286億
TOP 6	Alphabet 字母控股*	4,114億
TOP 7	Facebook 臉書**	4,097億
TOP 8	Alphabet 字母控股*	3,607億
TOP 9	Johnson & Johnson 嬌生	3,540億
TOP 10	JPMorgan Chase & Co. 摩根大通集團	3,102億

*Alphabet是Google的母公司，有GOOG和GOOGL兩種股票。
**Facebook母公司自2021年10月底更名為Meta，目前股票代號為MVRS。

圖 1-4　美國企業市值排行TOP 10（2021年12月20日）

	企業名稱	市值（美元）
TOP 1	Apple 蘋果	2兆8,077億
TOP 2	Microsoft 微軟	2兆4,311億
TOP 3	Alphabet 字母控股	1兆8,883億
TOP 4	Amazon 亞馬遜	1兆7,245億
TOP 5	Tesla 特斯拉	9,365億
TOP 6	Meta 臉書	9,285億
TOP 7	Nvidia 輝達	6,928億
TOP 8	Berkshire Hathaway 波克夏·海瑟威	6,576億
TOP 9	JPMorgan Chase & Co. 摩根大通集團	4,633億
TOP 10	Visa 威士	4,606億

| 圖 1-5 | GAFA是什麼？ |

企業名稱	創立	創辦人	主要事業	2020年度營收（美元）
Google（Alphabet）	1998年	賴利・佩吉 謝爾蓋・布林	網路廣告	1,825億
Apple	1976年	史蒂夫・賈伯斯 史蒂夫・沃茲尼克 隆納・韋恩	行動終端	2,745億
Facebook（Meta）	2004年	馬克・祖克柏 愛德華多・薩維林	網路廣告	860億
Amazon	1994年	傑夫・貝佐斯	電子商務	3,861億

※在美國另有一稱是「FAANG」，由Facebook、Apple、Amazon、Netflix和Google組成；或者「MAMAA」，由Meta（Facebook）、Apple、Microsoft、Amazon和Alphabet（Google）組成。

🏛 巨大的科技企業，形成超越國家的「經濟圈」

GAFA不只是經濟規模凌駕於國家之上，甚至還**超越國境，在全球開拓出自己的「經濟圈」**。

Amazon當初在美國是從「網路書店」起家。網路書店成功後，該公司也開始在網路上販賣日常用品、生活雜貨、家電、汽車等各種商品。**在這段成長過程中，Amazon從「世界最大的書店」變成一網打盡的「萬能商店」**。

隨著Amazon的營收擴大，在美國與之競爭的書店、家電量販店、超市和百貨公司陸續倒閉。也就是說，「萬能商店」Amazon大肆吞食美國的零售業界。而且，隨著物流業務的擴大，以及拓展實體店面的業務領域，在成為「萬能公司」的過程中，形成了**「Amazon經濟圈」**。

甚至，現在還有所謂的「Amazon死亡指數」，用來預測那些因Amazon開展新業務或併購其他公司，而導致業績惡化的零售相關企業股價。大眾也隨時關注著「下一個被Amazon逼入困境的公司是哪一家」，足見Amazon的存在已成威脅。

Amazon在歐洲和日本也有設立公司，目前在德國、英國和日本的營收總額，占該公司零售事業的三分之一。除了鞏固歐洲與日本的Amazon經濟圈，他們也試圖朝其他國家或地區發展。像Amazon這般巨大的科技企業，就像是以不同於國家的型態在「征服世界」。

戰略轉型成功的美國雙王

除了 GAFA，在美國還有許多值得關注的企業，當中最具代表性的兩家企業就是 Microsoft 和 Netflix。

過去的王者 · Microsoft

Microsoft 的創立年份與上市時期都和 Apple 相近，屬於「同世代」的企業。從 1990 年代開始，Microsoft 靠著電腦作業系統「Windows」率先開啟了「平台」的商業模式，並一舉大獲成功，以全球最大 IT 企業之姿稱霸市場。後來，因為 iPhone 熱賣，寶座被 Apple 奪走。

Microsoft 的「大轉型」

當然，Microsoft 面對這個狀況，不會坐視不管。他們企圖拉下 Apple，東山再起。

導致 Microsoft 失敗的最關鍵因素，在於未能跟上個人主要 IT 工具從電腦轉移至智慧型手機的時代潮流。那麼，Microsoft 又是如何扭轉落後局勢，追上先行的 Apple 呢？

正是因為 **Microsoft 透過「戰略4.0」，大幅轉換了商業模式。**針對長期以來為公司帶來龐大利益的各種服務，Microsoft 果斷轉型，實行與以往商業模式截然不同的**「平台開放化」及「雲端化」。**

經營學有個說法，當業界頂尖企業聽取用戶的意見，並以提供高品質的產品或服務為目標，反倒會成為創新（＝改革、新方案）落後的主因，這稱為「創新的兩難」（The Innovator's Dilemma）。儘管 Microsoft 曾經陷入「創新的兩難」，卻依然成功克服，重新復活成為全球頂尖企業。現在美國也有將 GAFA 加上 Microsoft，並組成「MAMAA」的說法（Meta/Facebook、Apple、Microsoft、Amazon、Alphabet/Google）。

🏛 全球最大訂閱服務業者・Netflix

另一方面，Netflix 則是沒有陷入「創新的兩難」並順利發展的企業。在美國，Netflix 十分受注目，甚至出現了 GAFA 加上 Netflix 的「FAANG」一詞。

Netflix 靠著 DVD 線上出租事業成為美國的龍頭後，又搶先其他公司發展網路影音串流服務。他們徹底否定以往的商業模式，重新開創事業，後來也率先投入原創影音內容的製作。現在，**Netflix 已成為全球最大的「訂閱服務」業者。**

中國四朵雲 BATH

與美國 GAFA 對抗的勢力，就是中國的 BATH。目前，美中兩國透過 GAFA 和 BATH，正在世界最前端以「對立」之姿，互相爭奪霸權。

🏛 鎖定亞洲「經濟圈」盟主之位的中國企業

科技巨擘不只有美國的 GAFA，在中國也有足以抗衡的勢力，那就是**「BATH」**。

BATH 和 GAFA 一樣，都是取自中國科技巨頭的第一個英文字母：**百度（Baidu）、阿里巴巴（Alibaba）、騰訊（Tencent）、華為（Huawei）。這些企業在各自的事業領域，如搜尋廣告或電子商務等，都已經和美國 GAFA 並駕齊驅。**

其中，阿里巴巴除了支援企業之間交易的網路服務，也陸續擴展像 Amazon 那樣的網路銷售和零售、金融等其他事業。於是，1999 年創業的阿里巴巴不到幾年就成為中國第一的網購平台，2020 年的營收總計約 720 億美元。

阿里巴巴也在美國掛牌上市，市值還曾經成長至超過

圖 1-6　BATH是什麼？

企業名稱	創立	創辦人	主要事業	2020年度營收（美元）
Baidu（百度）	2000 年	李彥宏	網路廣告	164億
Alibaba 阿里巴巴集團	1999 年	馬雲	電子商務	720億
Tencent 騰訊	1998 年	馬化騰	網路廣告	546億
Huawei 華為	1987 年	任正非	行動終端	1,367億

圖 1-7　GAFA對決BATH

美國 🇺🇸　VS　中國 🇨🇳

美國		中國
Google	搜尋廣告 VS	**B**aidu
Amazon	電子商務 VS	**A**libaba
Facebook	通訊App VS	**T**encent
Apple	智慧型手機 VS	**H**uawei

Amazon的規模。

阿里巴巴的創辦人馬雲，曾清楚表明自家公司的經濟圈構想。

他在2017年9月的股東大會上這麼說：「繼美國、中國、歐洲、日本之後，我想建立全球第五大的阿里巴巴經濟圈。」這句話意味著，他要把在中國奠定的獨占地位當作武器，先攻下周邊的亞洲各國，接著前進歐洲和日本。

也就是說，今後在歐洲或日本的市場，Amazon與阿里巴巴將會建立穩固的經濟圈，可以想見兩者的競爭會有多麼激烈。我們即將面臨在兩者之間做選擇的那一天。

🏛 遍及各行各業的「經濟圈之爭」

Amazon和阿里巴巴的激戰，主要集中在網路商品及服務買賣的電商交易，也就是「電子商務」這個領域。但現在除了電子商務，**在通訊與網路服務、雲端、AI（人工智慧）等領域，GAFA和BATH這八家公司已是關鍵角色，在各自的經濟圈展開激烈無比的霸權之爭。**這正是在「世界最前端」開戰的景象。

雲端、AI這些科技，已是各大產業的新基礎，後文將有詳細說明。如果能掌握這些科技，**不只可以在汽車或能源產業成為霸主，也可以在金融、醫療或農業等各種領域獲得主導權。**

日本五大戰略 4.0 企業

儘管席捲全球已成過去式,仍有日本企業追隨著世界最前端的 GAFA 與 BATH,力求捲土重來。

🏛 追隨GAFA與BATH的腳步,重新站上世界頂峰

日本企業經歷過高速經濟成長期,直到1990年代前期為止,曾以汽車和家電製造等產業為主,席捲了全球市場。

後來因為泡沫經濟,企業體質大幅衰弱,跟不上2000年代開始的「第四次工業革命」,於是在AI、大數據、雲端、IoT（物聯網）等技術創新方面,都落後他國。

不過,在這般困境之中,**仍有日本企業追隨GAFA和BATH這幾個先驅,在世界最前端展現出存在感。他們就是SoftBank Group（軟銀集團）、Toyota（豐田汽車）、Rakuten（樂天集團）、Fast Retailing（迅銷集團）、Sony（索尼）這五家公司。**

其中,軟銀和樂天已提出明確的「經濟圈構想」。

　　首先是軟銀集團，由子公司軟銀（SoftBank）開展電信事業；樂天則是主打電子商務。兩家企業各自確立了收益的支柱後，便積極發展各種事業。光是這兩家公司著手的事業種類，就足以凌駕 Amazon 與阿里巴巴。

　　尤其，**軟銀集團特別強化了「投資公司」的特質，即使和大型投資基金相比也毫不遜色，投資金額已成長至世界最大規模。**因此，全球的經營者和創業家總是十分關注軟銀集團總裁孫正義先生的動向。

　　至於持續在世界汽車產業爭奪龍頭的**Toyota**，也果斷施行對策，發展自動駕駛技術。透過搭載通訊功能的「聯網汽車」（connected car），比其他汽車製造商搶先蒐集車輛位置資料、加速及減速狀況、周遭影像資料等大數據，然後成立子公司「Toyota Connected」，並活用這些大數據，開發新服務。

　　此外，擊退所有打入日本市場的國際競爭對手、成為全球數一數二的服飾企業**「迅銷集團」（旗下有Uniqlo、GU 等）**也實行了戰略 4.0。該公司前進世界各國，反倒變成了威脅競爭對手的存在。

　　過去曾是日本的代表企業，近年逐漸衰退的**Sony**，則是在 2016 年 4 月～ 2017 年 3 月的財報刷新了睽違二十年的歷史新高。**Sony 在主力的遊戲事業積極導入戰略 4.0 的關鍵商業模式：「平台」及「訂閱制」，使委靡的事業出現復活跡象。**

圖 1-8 日本五大戰略4.0企業

企業名稱	創立	現任總裁	主要事業	2020年度營收（台幣）
軟銀集團	1981年	孫正義	資訊通訊	1兆5,620億
SONY	1946年	吉田憲一郎	遊戲	2兆3,320億
迅銷（Uniqlo）	1963年	柳井正	服飾	5,022億
樂天	1997年	三木谷浩史	電子商務	3,639億
TOYOTA	1937年	豊田章男	汽車	7兆5,735億

圖 1-9 日本企業市值排行TOP 10（2021年12月20日）

	企業名稱	市值（台幣）
TOP 1	Toyota	7兆483億
TOP 2	Keyence（基恩斯）	4兆2,818億
TOP 3	Sony	4兆1,525億
TOP 4	NTT（日本電信電話）	2兆7,802億
TOP 5	Recruit（瑞可利）	2兆6,144億
TOP 6	東京威力科創	2兆3,045億
TOP 7	軟銀集團	2兆2,660億
TOP 8	三菱日聯金融集團	2兆487億
TOP 9	信越化學工業	1兆9,772億
TOP 10	日本電產	1兆9,332億

平台

接下來介紹四個最重要的商業模式。第一個是「戰略4.0」的核心戰略——平台。除了GAFA和BATH以外，近來有許多飛躍性成長的企業都採用了這個商業模式。

🏢 最具代表性的「戰略4.0」模式：平台

雖然「平台」一詞經常出現在報章雜誌和網路上，卻不是很容易確實理解的詞彙。平台（platform）的原意是「根基」、「基礎」，在成為商業模式的用語之前，被稱為平台的其實是電腦業界由Microsoft開發的Windows。因為，Windows等作業系統就是用來啟動各種軟體的「基礎」。

🏢 App Store以iPhone為平台，創造全新市場

平台成為商業模式用語，則是在Apple推出iPhone之後的事。2007年，iPhone以行動電話的新世代產品問世，具備了以往手機所沒有的許多功能。尤其，2008年出現的「App Store」這項創新服務，成為推動iPhone

平台化的強大動力。

App Store是Apple針對iPhone提供的App下載服務，卻為手機創造出一座全新市場。以往的手機市場，終端的製造商只有在手機用戶購買自家產品時才會獲得利益，因為電話費或通訊費是支付給電信業者。不過，**拜App Store所賜，Apple就算賣出iPhone以後，仍能持續獲得利益。**

🏛 App Store擁有「兩種用戶」，因此擁有兩種獲利來源

為何Apple賣出手機後，依然能獲得利益呢？答案就在於App Store的最大特徵——擁有**「兩種用戶」**。

第一種用戶，是**「購買iPhone後，下載App的用戶」**，第二種是**「開發並販售App的用戶」**。

iPhone用戶在App Store購買App，支付費用給App開發者。App開發者則支付App Store的上架費和佣金給Apple。因此，當App Store的營收增加，Apple的利益也會隨之增加。也就是說，**除了銷售手機的營收，Apple還可以繼續從App開發者手上獲取抽成利潤。**

目前，Apple向App開發者設定收取的佣金是App售價的30%。2019年上半期（1～6月），Apple在全球App佣金的營收約為255億美元（約7,013億台幣，此為

德國數據公司Statista的估算金額）。

App Store成為iPhone用戶和App開發者交易的共通「場所」，其基礎正是iPhone，這就是iPhone的平台結構。

🏛 歷久彌新的平台型商業模式

平台型商業模式通常由三個「參與者」構成。

第一個是**「平台的提供者」**，第二個是**「在平台上銷售物品或服務的賣家」**，第三個是**「購買物品或服務的買家」**。

以iPhone為例，平台提供者是Apple，銷售物品或服務的賣家是App開發者，購買物品或服務的買家是iPhone用戶。

單看這個基本結構，其實平台型商務並非嶄新的模式。例如，百貨公司的定位也屬於平台。百貨公司將販售商品的空間租借給服裝、化妝品或食品等廠商，從營收抽取手續費。各廠商在百貨公司這個平台，向消費者銷售自家商品。身為平台的百貨公司，在過去很長一段時間都是零售業的龍頭，由此可知這個商業模式十分有效。

那麼，戰略4.0的平台和以往有何不同呢？那就是**IT的活用**。妥善運用IT的話，**就能夠以極低的成本建立**

圖 1-10　App Store的兩種用戶

經營戰略4.0圖鑑

iPhone 用戶

購買iPhone後，下載App使用

App Store

iPhone用戶與
App開發者交易的
共通「場所」

開發並販售App

App開發者

Point!

App Store成為iPhone用戶和App開發者交易的
共通「場所」。

極有效率、效果超乎以往的平台。例如，在百貨公司開店必須花一大筆錢，像是店面空間的租金或裝修費，以及雇用員工的人事費等。而且，在實際開店以前還必須先花上一段時間。

然而，零售業界的**戰略4.0平台**，就是 Amazon 和樂天提供的「電子商務」（電商交易）。要在網路上建立電商，只需有懂得程式設計的員工，和能夠讓用戶在線上商店購物的「伺服器」即可。

也就是說，**比起實體店面，電子商務的花費低廉，且短時間內就能完成。**

🏛 平台徹底改變了產業地圖

成為平台的 iPhone，也可說是 IT 產物。

App Store 創建於 iPhone 第 2 代「iPhone 3G」，上架約半年就推出了一萬五千種左右的 App，全球下載次數突破五億次。

App Store 能在短時間內成功的理由之一，就在於**「新創企業或獨立開發者也能參與 App 的開發，並透過網路銷售給全球用戶」**這項因 IT 而來的極大優勢。透過 IT 的活用，產生了**「促使多樣化的開發者加入，不斷開發出獨特的 App，再促成用戶下載」**的良好循環。

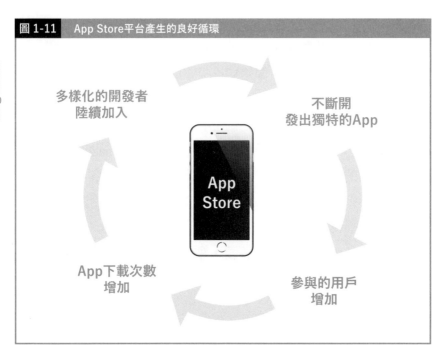

圖 1-11　App Store平台產生的良好循環

多樣化的開發者
陸續加入

不斷開
發出獨特的App

App
Store

App下載次數
增加

參與的用戶
增加

　　Apple的平台破壞力非常驚人。這間公司在手機市場本來是新進廠商，卻因為iPhone的暢銷，短短八年迅速成為獨占全球市場九成以上利益的「巨人」。另一方面，來自芬蘭、始終穩居手機市場龍頭的Nokia，則在2013年將手機事業轉賣給了Microsoft。

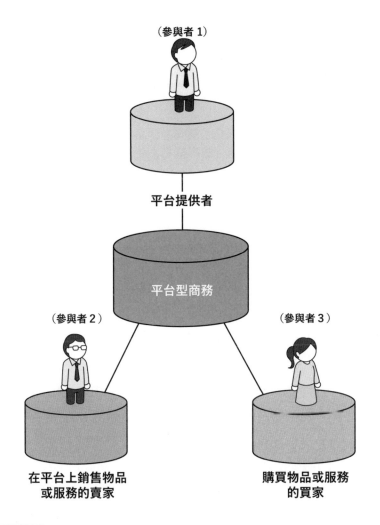

圖 1-12 　一般平台型商務的三個參與者

（參與者 1）

平台提供者

平台型商務

（參與者 2）

（參與者 3）

在平台上銷售物品
或服務的賣家

購買物品或服務
的買家

Point!

以iPhone為例，平台提供者是Apple，銷售物品或服
務的賣家是App開發者，購買物品或服務的買家是
iPhone用戶。

「戰略4.0」的關鍵商業模式①平台

商業生態系

第二個關鍵商業模式乃是「商業生態系」,其與平台有著密切的關係。「成功的平台,會形成商業生態系。」就算這麼說也不為過。

🏛 將自然界的「生態系」應用至經營戰略

生態系的英文是「Ecosystem」,原本是自然科學領域的用語,意指在某個地區或空間相互依存、作用的動植物及整體環境。

「相互依存」指的是,舉例來說,植物藉由光合作用從無機物生產有機物,接著生長繁殖,然後動物攝取植物,而動物的排泄物被菌類分解後,又成為了植物的養分──維持著這種循環的狀態,就是相互依存。

處於這種關係的動植物與環境,人們都歸納在「生態系」的概念之中。

將生態系一詞挪用至經營學領域的人,是美國經營學者詹姆斯・摩爾(James F. Moore)。1993年,摩爾在投稿至《哈佛商業評論》的論文中,提出「商業生態系」(Business Ecosystem)的觀點。

他在論文中這麼說到：「自律的生物經由不斷協調、競爭所構成的生態系，其特徵也可應用在商務領域。」

🏛 商業生態系的關鍵：「協調關係」

摩爾想強調的是：**「成功的商務，會形成包含顧客在內的各種交易對象、夥伴的協調關係。」**

就如同動植物相互依賴、維持生存那樣，**建立起「相互依存的協調關係」的商務，將會發揮加乘效果，自律且連鎖地不斷擴大。**

因此，可以把商業生態系定義為：**「在商務上處於協調關係的個人或企業整體。」**此外，也有人說商業生態系是處於協調關係的個人或企業**「社群」**（＝共同體），所指意思是差不多的。

🏛 資訊科技的發展，可促成「協調關係」的建立

摩爾提倡的「商業生態系」概念，花了一段時間才獲得人們的正確理解，因為當時還缺乏「加強有著交易往來的企業間合作」這種常識。

就和平台一樣，若要讓商業生態系的概念發揮所長，只能指望IT的發展。在此，我將以Apple的iPhone為例來說明。

前文提到，iPhone是平台，使其成為平台的是App Store這項服務。而App Store就是連結起App開發者與 iPhone用戶的共通「場所」。

當人們認為App Store提供、販售的App「有助於日常生活」或「用起來很有趣」的話，購買iPhone的人就會增加。當iPhone用戶增加，想透過暢銷App獲取利潤的App開發者也會增加。

只要App的種類增加，iPhone用戶就會變多，進而吸引更多優秀的App開發者加入App Store。

如此良好的循環，正是平台型商務自律且連鎖擴增的一大動力。

App Store成功建立了協調關係

在此必須掌握一項重點：**App的銷售及購買並非「一次性」的行為。**

App用戶的資料透過iPhone這個平台，回饋給App開發者，他們再根據收到的用戶資訊進行App的改良。

於是，用戶能夠使用更方便的App，而且也能直接向App開發者傳遞訊息，提出他們的要求。也就是說，**App用戶與開發者在App Store建立起了「協調」關係。**

此外，提供平台的Apple為了讓App Store順利運作，在支援App用戶與開發者這方面，也屬於協調關係。這

一連串過程，表現出來的正是「在iPhone這個平台上形成商業生態系」。

「形成商業生態系」必須有新的競爭戰略

如前文所述，**商業生態系是在平台這個基礎上逐漸形成。**

只要平台順利運作，就會形成良好循環的商業生態系。換言之，形成商業生態系，就代表平台的成功。所以，**商業生態系和平台是密不可分的關係。**

讓平台型商務成功，進而形成商業生態系的重點在於：獲得更多優秀的參與者，並藉由促進參與者之間的相互依存，建立協調關係。

因此，必須仔細思考戰略，確實回應「尋求哪種屬性的參與者」，以及「該給予參與者怎樣的好處」的問題。**商業生態系的整體平衡，便是「戰略4.0」特有的課題。**

圖 1-13　iPhone創造的商業生態系

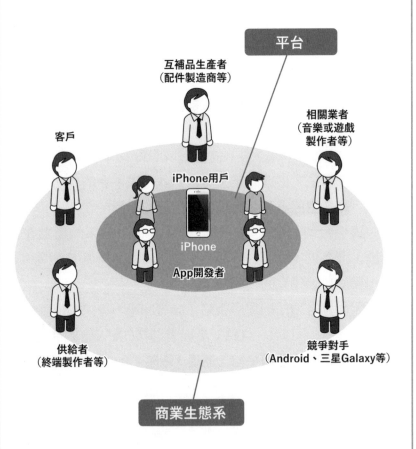

平台

互補品生產者
（配件製造商等）

相關業者
（音樂或遊戲
製作者等）

客戶

iPhone用戶

iPhone

App開發者

供給者
（終端製作者等）

競爭對手
（Android、三星Galaxy等）

商業生態系

Point!

以平台為基礎，逐漸形成商業生態系。藉由獲得更多優秀的參與者、促成參與者之間的相互依存，並建立協調關係，即是關鍵。

圖 1-14　iPhone 與用戶、App開發者的關係

iPhone 用戶

支援

iPhone

回饋用戶的
App使用資料

根據回饋的
資料改良App

支援

App開發者

Point！

iPhone用戶、App開發者、iPhone，三者在協調關係
中相互連結。

經濟圈

在平台與商業生態系之後，接下來要介紹的關鍵商業模式是「經濟圈」。「戰略4.0」的企業目標之一，就是建立經濟圈。

🏛 今日的經濟規模已擴展到網路空間

如同平台與商業生態系，許多人對於經濟圈或許還沒有具體的理解。

其實，經濟圈並非經營學的專業用語，因此也沒有明確的定義。根據《大辭林·第三版》的說明，經濟圈是：「經營著具有一定獨立性經濟活動的地理範圍。」不過這個說明和接下來的內容有些出入，所以在此先做一點補充。

經濟圈經常會以「○○經濟圈」這種形式出現，「○○」即表示企業名稱，好比本書也有提到「Amazon 經濟圈」以及「阿里巴巴經濟圈」。這種用法指的是**「受到該企業強烈影響的範圍」**。

「範圍」不只是地理範圍，也包含網路的虛擬空間。理由在於，網路上的商業經濟規模已經和現實社會的經濟規模並駕齊驅。

🏢 正在覆蓋全日本的「Amazon經濟圈」

舉例來說，日本Amazon的營收在2018年達到1兆5,180億日圓（3,795億台幣），已穩坐網購業者的冠軍，在日本國內更是連續十二年維持第一（此營收包含電商的手續費和各種服務內容的營收）。如果把日本Amazon的營收排進日本零售業的全體排名（圖1-15），也能搶下第五名，與第四名的家電量販龍頭山田電機的4,002億台幣及其後泛太平洋國際控股公司的3,322億台幣不相上下。

圖 1-15	日本零售業的營收排名	
名次	企業名稱	2018年度營收（台幣）
TOP 1	Aeon 永旺集團	2兆1,296億
TOP 2	Seven & i Holdings 7&i控股	1兆6,978億
TOP 3	Fast Retailing 迅銷集團	5,325億
TOP 4	山田電機	4,002億
TOP 5	Pan Pacific International 泛太平洋國際控股公司	3,322億
TOP 6	三越伊勢丹控股	2,992億
TOP 7	H2O Retailing	2,317億
TOP 8	高島屋	2,282億
TOP 9	Bic Camera	2,110億
TOP 10	Tsuruha 控股	1,956億

※摘自日本經濟新聞電子版2019年9月27日資料。

　此外，經營日本國內、包羅眾多網購商家的最大商城「樂天市場」的樂天集團，2018年的營收是1兆1,015億日圓。也就是說，「日本的網購業界位在Amazon經濟圈內」，同時也與「樂天經濟圈」相互抗衡。

　今後，Amazon若打算在日本設立無人商店「Amazon Go」，只要收購現有的超市或超商，應該就能輕鬆達成。如果日本版Amazon Go成功的話，極有可能威脅到日本國內零售業雙雄永旺集團（Aeon）和7&i控股。這麼一來，實體零售業界也將被Amazon經濟圈吞沒。

🏛 從商業生態系發展成「經濟圈」

　從前文的說明來看，或許會讓人認為，某企業在某國家或地區發展成功，那麼這個範圍便是該企業的經濟圈。這麼說並沒錯，但仍欠缺戰略4.0的重要觀點，那就是**「從平台發展為商業生態系」**。

　戰略4.0的經濟圈中，最核心的元素是：與顧客（用戶）的協調關係。

　形成經濟圈的關鍵在於，讓更多用戶覺得加入經濟圈有價值，且自發、積極地想要參與。這樣的關係是從平台形成的商業生態系培養而來。也就是說，**在戰略4.0底下，平台形成商業生態系，商業生態系再發展成經濟圈**。

用「購物點數」建立共通平台

接著，就來看看「平台→商業生態系→經濟圈」的發展過程實例。

以往日本零售業界的平台有「T Point」這類的共用購物點數：購物獲得點數，再用累積的點數購物，於是消費者就會想去能獲得點數的店家購物。

以 T Point 為首的購物點數制度，至今已無法確保經濟圈的穩固，原因在於其不能培育出完整的商業生態系，與用戶之間的協調關係十分薄弱。

另一方面，雖然起步較晚，但樂天集團的「樂天點數」（Super Point）已經在會員人數和點數發行餘額方面居冠。**樂天點數在「樂天市場」等集團旗下的公司內部，以壓倒性的流通量為武器，迅速凌駕競爭對手，建立起購物點數的經濟圈。**

那麼，為何樂天做得到呢？

那是因為，**他們透過樂天市場等平台，與用戶建立起穩固的協調關係。**

圖 1-16 從平台發展為經濟圈的過程

平台

用戶與製造商交易的共通場所。

發展

商業生態系

將平台做為基礎,以用戶或製造商為中心,在各種相關人員之間建立起相互依存的協調關係,形成商業生態系。

發展

經濟圈

在商業生態系處於協調關係的用戶之中,自發且積極參與的人增加,就會建立起經濟圈。

🏛 樂天集團「戰略4.0」：強化經濟圈

樂天點數還擁有一項 T Point 所沒有的優勢，那就是集團企業能夠給予支援。

除了樂天市場，整個集團還有旅遊、二手拍賣、銀行、證券等多樣化業種，能大幅提升樂天會員的點數回饋率。這便成了會員持續使用樂天點數的強烈誘因。

此外，樂天也擁有職棒球隊「東北樂天金鷲」和職業足球隊「神戶勝利船」，支持該隊的球迷自然會對母公司樂天產生親近感。**樂天就是這樣充滿策略地操作各種事業，讓用戶的協調關係變得更加緊密。**

「消費社會」已經成熟了一段歲月，消費者想要的物品或服務，在市場上都已十分普遍，呈現飽和狀態。在這種狀態下，要在激烈的市場競爭中勝出，必須比競爭對手更加著力於與用戶之間的連結。

想讓自家的商品或服務在相似的品項當中受到消費者青睞，就必須建立協調關係，促使消費者自發式地加入自家的經濟圈。

此時能發揮成效的，正是「平台→商業生態系→經濟圈」的「戰略4.0」。

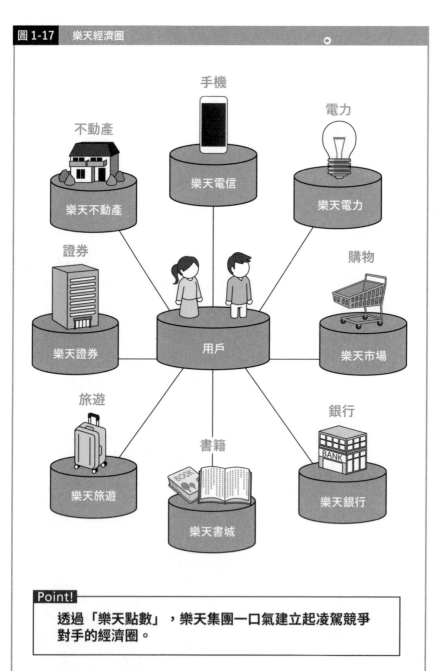

圖 1-17　樂天經濟圈

手機　樂天電信
電力　樂天電力
不動產　樂天不動產
證券　樂天證券
用戶
購物　樂天市場
旅遊　樂天旅遊
書籍　樂天書城
銀行　樂天銀行

Point!

透過「樂天點數」，樂天集團一口氣建立起凌駕競爭
對手的經濟圈。

訂閱制

第四個關鍵商業模式是「訂閱制」。「提供服務者」與「用戶」的關係目前正出現重大轉變，再過不久，社會上的所有服務都將變成訂閱制。

🏛 訂閱制 ≠ 定額制

說到今後在「戰略4.0」扮演關鍵角色的商業模式，那就是**「訂閱制」**了。

目前市場上已有許多成功例子，如「Apple Music」、Amazon的「Kindle Unlimited」，以及Sony的「PlayStation Plus」等，它們都證明了這種商業模式的絕佳成效。但是，能確實理解訂閱制本質的人，或許並不多。

訂閱的英文是「subscription」，原意是「定期訂閱」或「會費」，後來衍生為商業用語的「定額制」。

至於訂閱制，指的是支付一筆定額的使用費（≒會費），就能在一定期間（以月或年為單位）使用服務。

提供服務的業者若實行訂閱制，會更容易招攬用戶，進而達成持續性的收入。另一方面，對用戶來說，使用越多就越划算，不需要的時候取消訂閱即可，是非常「高CP值的服務」。

不過，**如果只將訂閱當作「定額制服務」的話，便很難掌握其本質。**商業模式中的訂閱制，所指的不只是定額的「支付方式」，**「在提供服務的企業與用戶之間，建立長期關係」**才是訂閱制的重點。

🏛 訂閱制的本質是建立企業與用戶的關係

以往的企業與用戶關係，基本上在企業賣出商品或服務、用戶購買之後，就宣告結束。但**若是訂閱制，企業賣出服務、用戶購買之後，彼此的關係才正要開始。而且，只要用戶持續使用服務，企業與用戶的關係就會變得越來越緊密。**

🏛 Netflix成功的關鍵因素

以具體實例來說，靠訂閱制獲得成功的代表企業，就是美國的Netflix。

1997年8月創立的Netflix，起初是經營DVD線上出租的公司。在這之前，租借DVD都要親自到出租店，然而Netflix卻推出了線上預約郵寄DVD的服務。

原先，稱霸美國影片出租業的是擁有約6,500家國內門市的百視達（Blockbuster），但1999年9月Netflix推出「定額制」出租服務後，會員數瞬間暴增，頓時成為

威脅百視達的存在。

為了對抗Netflix，百視達也推出線上出租服務，但Netflix又陸續在網站導入新功能，例如根據會員評價來推薦影片的「推薦片單」等，會員人數也因此不斷增長。

2007年1月，Netflix大膽地將主力事業轉移至如今所見的網路串流影音服務。在面臨其他企業競爭的狀況下，Netflix又率先從2012年起製作原創影音內容，不斷推出高水準的作品。

結果，今天的Netflix已成為在全球擁有超過1億3,800萬會員的世界最大串流媒體平台。

Netflix成功的關鍵因素，就在於**持續汲取用戶需求、提供對應服務，並始終貫徹這份態度。**為了**讓用戶盡可能長久使用服務，就必須「持續提升」用戶的滿意度。**

分析會員收看的影片紀錄、加入推薦功能、將影片轉移至更方便的網路上，並且製作只能在該平台收看的作品。Netflix在服務、內容（作品）、體驗價值等各方面，都大大提升了用戶的滿意度。

🏛 所有產業都在發展訂閱制

訂閱制的本質，在於「與用戶建立持續性的關係」。

這不僅有別於過去「商品或服務一旦售出就結束」的觀念，更是顛覆了「增加回頭客」的發想。要讓用戶透

過訂閱，持續使用商品或服務，就得徹底貼近用戶的需求，視情況「改變商品或服務」，進而與用戶建立關係。這將會成為「拉攏用戶進入經濟圈」的強力武器。

今後，**「訂閱」無疑會是經濟圈中的服務常識。**

此外，目前在各個領域當中，用戶也開始有了「與其擁有，不如只在需要的時候使用比較划算」的想法，也就是說，世界**正在轉型為「共享經濟」的社會。**

共享經濟的社會，會更適合訂閱制的商業模式。我認為，**在不久的將來，訂閱制將會滲透整個社會。**

圖 1-18 訂閱制的「企業」與「用戶」關係

以往的「企業」與「用戶」關係

企業與用戶關係＝短暫

企業　　　　　　　　　　　　　　　　　　　　用戶

販賣商品或服務　→

賣出／購買商品或服務後，關係便結束。

訂閱制的「企業」與「用戶」關係

企業與用戶關係＝長期

企業　　　　汲取用戶的需求，　　　　用戶
　　　　　　提供對應服務　→

←　用戶滿意度上升，
　　持續使用服務

只要用戶持續使用服務，
企業與用戶的關係就會更加「緊密」。

經營戰略4.0圖鑑

IoT

接下來要介紹的是支撐著「戰略4.0」的四大核心科技。第一個是IoT，物聯網。在「平台→商業生態系→經濟圈」這樣的戰略4.0模式之下，絕對少不了IoT的進化與運用。

🏛 網路串連一切！

IoT是取「Internet of Things」第一個字母組成的簡稱，直譯是「物品的網路」，也就是物聯網，意思是「網路串連一切」。相似的詞彙還有IT（Information Technology），意即資訊科技。

1990年代起，IT迅速發展、進化，但那段時期只有電腦能夠連接網路。後來，**網路連上手機，接著又陸續連上電視、空調、數位相機、微波爐等家電製品**，這正是IoT。

隨著IoT的發展，「網路串連一切」又進化成遠端遙控。例如，家中電視的預約錄影或空調開關，只要使用智慧型手機就能在外啟動。至今，幾乎所有物品都能透過網路收發資料。

🏢 IoT最前端：Amazon Echo

在我們身邊最能實際感受到IoT進化的東西，是**「智慧音箱」**。目前各廠商紛紛推出自家的智慧音箱，但在日本，仍是Amazon的「Amazon Echo」獲得最多消費者支持。

如同電視廣告所說，用戶只要對Amazon Echo說話，便可開關室內的燈光、播放音樂、得知氣象資訊，而且還能叫外送或計程車。

到底是如何做到這種程度的呢？

那是因為Amazon Echo**搭載了語音辨識虛擬助理「Alexa」**，它會透過用戶的聲音，理解指示內容，再命令物品或服務運作。

現在除了Amazon Echo，還有多種物品都搭載了Alexa。據Amazon執行董事所言，至2018年9月為止，Alexa能對應的機器已超過兩萬種。

不光是家電或視聽設備，在汽車、辦公室甚或飯店與各式建築的安全監控系統皆有採用，這就是網路串連一切的體現。

🏛 確立「Amazon Alexa經濟圈」

這裡我將用商業模式的觀點，帶領各位理解Amazon Echo。

首先，**Amazon Echo成為搭載著Alexa的平台。Alexa合併外部的各種商品、服務和內容，成為串連用戶的「場所」，形成商業生態系**（這和以iPhone為平台、App Store形成商業生態系的狀況幾乎相同）。

除了搭載Alexa的家電或影音設備廠商以外，計程車行、外燴餐廳、提供音樂或影像的數位內容公司等等，也都加入了Alexa的商業生態系。

用戶透過Alexa使用這些產品、服務和內容的機會越多，參與企業的營收就會成長越多。

如此一來，也會有越來越多企業加入，帶來更多獨特的產品、服務和內容，並有助於吸引越來越多用戶，形成良好循環。

營收規模擴大，進而形成經濟圈，這樣的狀況已經在美國形成，成為了「Amazon Alexa經濟圈」。

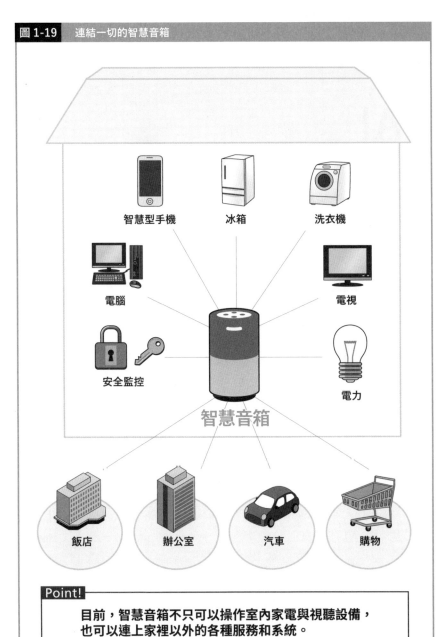

圖 1-19　連結一切的智慧音箱

智慧型手機　　冰箱　　洗衣機

電腦　　電視

安全監控　　電力

智慧音箱

飯店　　辦公室　　汽車　　購物

Point!

目前，智慧音箱不只可以操作室內家電與視聽設備，
也可以連上家裡以外的各種服務和系統。

AI

「戰略4.0」中，最重要的第二項科技是 AI（人工智慧）。
隨著 AI 的出現，企業陸續創造出前所未有的「顧客體驗」
（Customer Experience）。

🏛 電腦創造的「人工智慧」

AI（Artificial Intelligence）一詞的定義依研究者而異，
若全部交代，後文將無法繼續。因此我在這裡提出一個
較普遍的定義：**「由電腦創造的類人智慧及技術」**。

近年因為科技革新，AI受到許多關注。2010年起，
「機器學習」（machine learning）和「深度學習」（deep
learning）這兩項重要的AI技術有了飛躍性進步。

電腦要獲得「人工智慧」，必須進行人類思考中不可
或缺的元素：「學習」，以及用學習得到的知識來進行
「推測」。機器學習和深度學習就是用來「學習」與「推
測」的AI技術。

🏛 更接近人類的「深度學習」

機器學習是從大量資料中找出規則性或關聯性，並根據這些規則或關聯來進行推測的方法。不過，找出規則或關聯後，還必須透過電腦設定「人類會注意哪裡」。

進行機器學習必須有大量的資料，以往企業就算想將機器學習活用於商務，但擁有的資料頂多是顧客的資料庫，無法提高精密度。然而，**2010年左右，我們開始能從網路的瀏覽紀錄和社群網站取得大量個人資料，企業活用機器學習的機會也頓時增加。**

「深度學習」則是讓「機器學習」更進一步。

機器學習從資料的茫茫大海找出規則性或關聯性後，還必須另外設定應該注意之處，但深度學習就算沒有預先設定，電腦也會自動設定，並自動進行學習。深度學習使用了模仿人類大腦迴路的程式，因此能達到接近人類思考的學習與推測。

這麼一來，電腦就必須要有極高的運算能力，但近年由於半導體技術的進步，讓電腦的資訊處理能力有了顯著提升。

🏛 活用AI的「推薦系統」

進化後的AI就這樣活用在我們周遭，網路的影像搜

尋、各種機器人的操控、氣象預報或資產運用、汽車的自動駕駛等等，例子不勝枚舉。前文提到的Amazon語音辨識虛擬助理Alexa，就是活用了AI的技術。

因此，接下來我會以Amazon將AI活用於「大數據」（Big Data）的實例來說明。如字面所示，大數據即「龐大的資料」，但指的不只是資料量很龐大，也包含了混合各種資料、且每天即時更新的意思。

Amazon每天透過電子商務蒐集大數據，並活用AI來做促銷。舉個實例，就是會在網頁上出現「購買這項商品的人也買了這些商品」這行字，以及自己雖然還沒有在Amazon買過，卻出現商品圖片的**「推薦功能」**。

除了Amazon，現在許多電商也已經導入推薦系統。不過在這些電商網站上，不管是誰購買了某樣商品，都只會出現相同的推薦。然而，**Amazon卻會根據購買商品的用戶來改變顯示的推薦商品。這就是因為活用了AI的「協同過濾」（collaborative filtering）**。

協同過濾是以「和自己相似的人所喜歡的商品，自己應該也會喜歡」的假設為前提，推導出「雖然自己沒有，但若是和自己相似的人擁有的商品，自己也會想要」的假設。在這個假設之下，從大量用戶中抽選出購買模式相似的用戶，並相互推薦彼此未購買的商品。

也就是說，**針對每位用戶，AI實現了人類幾乎不可能做到的精準行銷。**

圖 1-20　Amazon的推薦系統

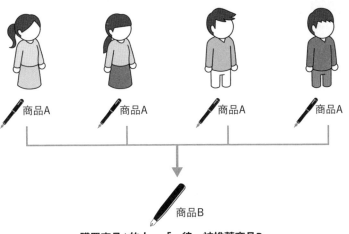

購買商品A的人，「一律」被推薦商品B。

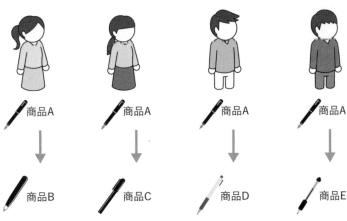

購買商品A的人，「個別」被推薦不同商品。

雲端

雲端也稱為「雲端運算」，是美中科技巨頭競爭激烈的領域之一。雲端的推手，正是「Amazon 網路服務」（Amazon Web Services, AWS）。

🏛 「免費電子郵件」也是一種雲端服務

雲端指的是「透過網路提供服務」。以往透過電腦使用或購買服務時，通常得先在電腦上安裝Microsoft的「Office」這類付費授權軟體。然而透過雲端的話，**完全不需要「購買軟體」、「安裝」這些步驟**。例如，過去使用電子郵件必須安裝Outlook這類軟體，但如果是Google的Gmail或雅虎的Yahoo! mail，就不需要安裝任何軟體，只要電腦連上網路就能馬上使用。也就是說，Gmail和Yahoo! Mail就是一種雲端電子郵件服務。

此外，雲端的英文「cloud」，意思是「雲」。不過，雲端的服務內容卻和「雲」沒有關係。Cloud＝雲的說法可能會引起誤解。

另外，讀音相似的詞彙還有「群眾外包」（crowd-sourcing），指的是「將業務委託給不特定的多數人」。

這裡的「crowd」是「群眾」的意思，和此處提到的雲端無關，請各位不要混淆。（日文的cloud和crowd讀音相同，容易產生誤解）

🏢 大數據與AI，進一步擴大雲端服務

從Gmail和Yahoo! mail的例子可以知道，其實雲端並非嶄新的技術，至少在1990年代就已有許多雲端服務。那麼，為何現在的科技巨頭會在這個領域競爭激烈呢？理由之一是，**大數據的存儲與AI的進化**產生了劇烈影響。

近年，擴大雲端技術的正是「Amazon網路服務」（AWS）。AWS原是Amazon內部設立的IT部門之一。這個部門除了保存所有用戶的訂單紀錄、提升推薦系統的精密度之外，還進行著「聯盟行銷」（affiliate program）等著眼於內部課題的雲端研究。其研究**因為AI的機器學習有了飛躍式進展，變成可以提供給其他企業的商務**。

AWS的服務變得十分多樣化，從當初的商品庫存管理和購買資料的分析，到資料庫的建立及運用、提供處理用戶要求的伺服器等，現已供應超過九十種的服務。

若自家公司要經營這些服務內容，勢必要在設備與安全管理上花費龐大金額，因此日本國內許多大企業都引

進了AWS，當中也包括對安全管理要求相當嚴格的金融機構和政府機關。

🏛 急速成長中的全球雲端市場

由於Amazon領先其他公司開展「針對企業」的雲端服務，長期以來都在全球的雲端市場維持第一。後來，雲端市場急速擴大，雲端服務的收益巨幅增長，Microsoft、Google、IBM等競爭對手也陸續加入。

根據美國市調公司的調查結果，近年來全球雲端市場的市占率雖然仍是Amazon的AWS以40%左右居於首位，但Microsoft Azure的市占率已經增長至20%左右，與AWS的差距日趨縮小。Google也成長至10%左右。此外在中國，騰訊、中國電信與AWS也正在追上第一名的阿里巴巴。

全球雲端市場在2018年創下約2,500億美元（6兆8,750億台幣）的巨額營收，而且比前一年大幅成長了32%（以上資料來自美國市調公司Synergy Research Group）。針對這個高收益的市場，科技巨頭之間的競爭想必會持續下去。

5G

**支撐著「戰略 4.0」的第四項重要科技是 5G。日本也在 2020
年開始推行 5G 商用化。無疑地，5G 將會對「戰略 4.0」發揮
遠超預期的影響。**

🏛 美國和韓國搶先商用化

5G 是「5th Generation」的簡稱，意思是「第五代行動
通訊技術」。手機所使用的行動通訊技術，最早的第一
代（1G）是 1980 年代的類比式行動電話系統。

轉變成數位傳輸的 2G 則是 1990 年代的主流技術，但
其本體服務仍是語音通話。

從 3G 開始可以達到高速的資料通訊，並在 2000 年代
投入實用，讓用戶能夠收發影像之類的大容量資料，進
而擴大了手機的用途。

4G 始於 2012 年，比 3G 的通訊速度更快，直到 2020
年以前都是行動通訊技術的主流。

率先進行 5G 商用化的是美國和韓國，並在 2019 年 4
月推出地區限定的服務。至於和日本一樣在 2020 年推
行商用化的幾個大國還有：英國、法國、中國、印度、
澳洲等等。

圖 1-21 　5G的三大特點

(特點1) 高資料速率

> 5G的通訊速度是4G的100倍左右，即可以用每秒20GB（1GB＝
> 10億位元組）的速度收發資料。下載2小時的電影，4G要花5分
> 鐘左右，但5G只要3秒就可完成。

(特點2) 低延遲

> 進行通訊的時候難免會有延遲，例如基地台和手機交換訊號時。
> 4G的延遲約為0.01秒，5G則可縮短至十分之一，也就是0.001秒
> （＝1毫秒以內）。這是因為用於通訊的電波速度變快，壓縮了
> 延遲時間。

(特點3) 多裝置連結

> 如字面所示，可以同時讓複數的終端進行通訊，每1平方公里可
> 以同時連結100萬台終端。

🏛 5G實現了汽車自動駕駛

　　5G的出現，據說將為社會帶來足以與當年1G匹敵的
重大改變。5G的特徵簡單來說有三點，我在本頁的表
格已有說明。

　　能讓5G徹底發揮價值的是汽車的自動駕駛。自動駕
駛指的是從基地台遠端操控汽車，但如果通訊出現延
遲，就會發生事故。

　　比方說，以時速100公里行駛的話，汽車每0.01秒會

圖 1-22　行動通訊技術演進：1G→5G

1G

1980年代出現的類比通訊。

2G

1990年代主流的數位通訊。
本體服務是語音通話。

3G

2000年代投入實用的高速資料通訊。
可以收發影像等大容量資料，擴大手機的用途。

4G

始於2012年，通訊速度比3G快。
直到2020年都是行動通訊技術的主流。

5G

美國與韓國率先商用化。
2019年4月起，推出地區限定的服務。
和日本一樣在2020年推行商用化的大國有
英國、法國、中國、印度、澳洲等。

前進28公分。4G的延遲是0.01秒，即使遠端操控踩下煞車，在汽車停止前仍會移動28公分，便可能因此發生事故。若是5G，就可以將延遲降到0.001秒以內，汽車停止前的移動距離也會降至2.8公分以下，發生事故的風險就會變得極低（據說技術上還能再縮減延遲）。此外，在自動駕駛的狀態下，汽車與基地台之間會不斷收發地圖資料與周遭的影像資料並即時分析，以確保行駛安全。為了能順暢收發龐大的資料，5G的高資料速率是不可或缺的元素。

🏛 真正的IoT社會就要到來

就如同自動駕駛，目前4G無法操控的事情都可以透過5G達成，將來所有東西應該都能透過網路來控制，也就是網路串連一切的「IoT」趨近完成。5G的應用就是具備這等影響力。只要對智慧音箱發出指令，自動駕駛計程車就會到府迎接，這樣的時代早晚會來臨。目前，飛機廠商和汽車廠商也正在開發被稱為「空中計程車」的小型直升機。

只要能在5G所創造的IoT社會中成功建立起經濟圈，就會成長至遠超我們所能估計的龐大規模。

PART2

掌握「戰略 4.0」的全貌

如何理解「戰略」的整體構造？

　　從專業的角度來看，當今媒體上出現的「戰略」一詞，經常和經營戰略、行銷戰略、商業模式等概念混為一談。因此，為了讓各位更深入理解「戰略4.0」，本書的PART 2將針對「戰略」一詞重新進行詳細說明。

　　不過，若要徹底解說經營戰略、行銷戰略、商業模式這些用語，恐怕會占用大量篇幅。所以，各個用語只嚴選出解讀「戰略4.0」時必須知道的關鍵元素，盡可能以簡單易懂的方式來說明。

　　如前言所述，「戰略4.0」指的是在菲利浦・科特勒所謂「行銷4.0」時代之下，急速進化、前所未有的全新戰略。

　　坦白說，「戰略4.0」完全顛覆了以往的常識。相信各位讀完PART 2之後，應該就能了解其進化的「本質」。

圖 2-1　戰略的整體構造

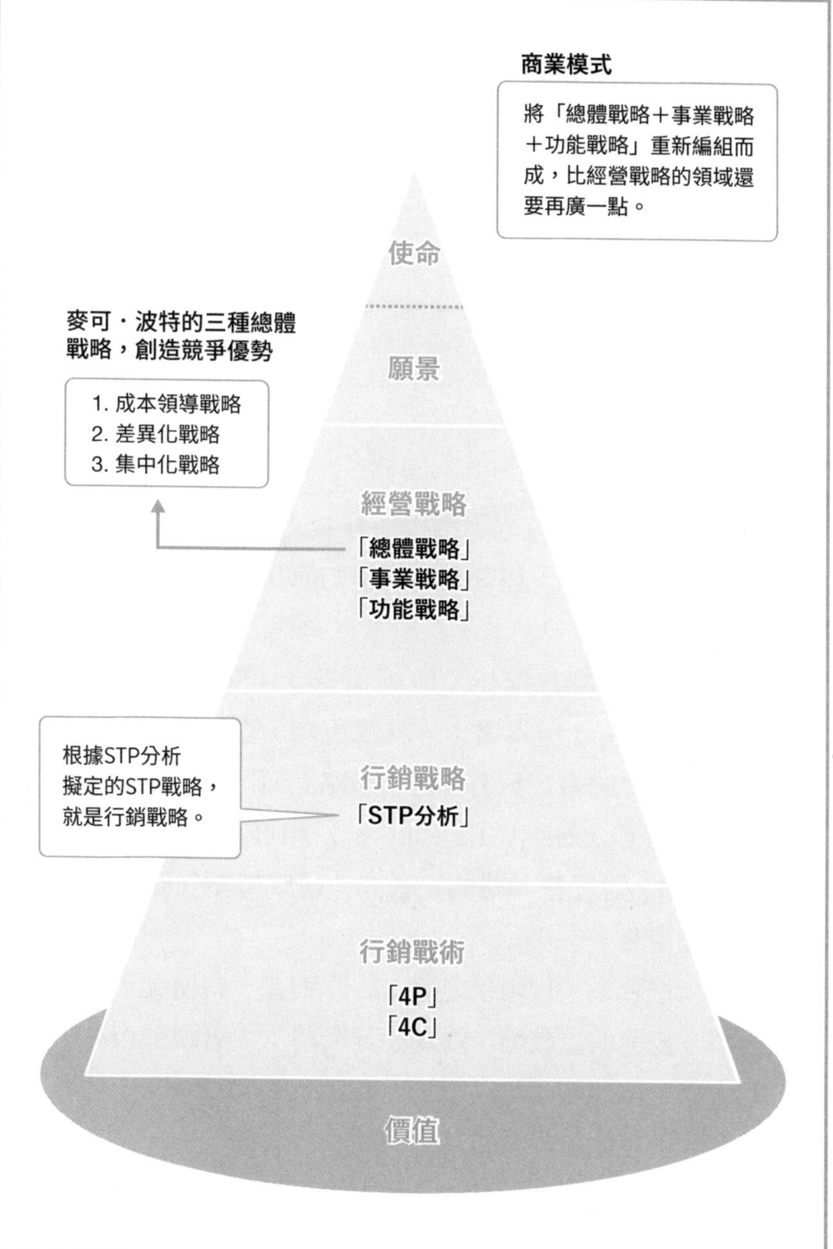

商業模式

將「總體戰略＋事業戰略
＋功能戰略」重新編組而
成，比經營戰略的領域還
要再廣一點。

**麥可‧波特的三種總體
戰略，創造競爭優勢**

1. 成本領導戰略
2. 差異化戰略
3. 集中化戰略

使命

願景

經營戰略

「總體戰略」
「事業戰略」
「功能戰略」

根據STP分析
擬定的STP戰略，
就是行銷戰略。

行銷戰略

「STP分析」

行銷戰術

「4P」
「4C」

價值

我們要如何「觀察」戰略？

其實「經營戰略」這個詞彙很難明確定義，儘管在經營學的各類書籍中有其定義，內容卻是因作者而異。

🏛 經營戰略的定義因人而異

最負盛名的經營學者彼得・杜拉克（Peter Drucker）是這麼解釋的：「經營戰略就是如何在競爭中勝出的企業理論」。

杜拉克曾大力推崇《何謂戰略》（Strategy:A View From The Top）這本書：「就我所知，真正探討『戰略為何重要』的書，只有《何謂戰略》而已。」該書作者克魯佛（Cornelis A. De Kluyver）和皮爾斯（John A. Pearce II）對經營戰略的定義是「達成持續性競爭優勢的定位策略」。

還有被譽為「行銷學之父」的菲利普・科特勒，則是提倡「競爭地位戰略」做為經營戰略：「著眼於市占率的大小，依照競爭地位提出企業的戰略目標。」這個理論至今仍在學術界及實務界有著莫大影響。

戰略的定義實在不勝枚舉，在此就先打住。針對這種情況，企業戰略大師傑・巴尼（Jay Barney，其著作《策略管理與競爭優勢》在各國都是商學院的經營戰略教科書）這麼說道：「戰略的定義就跟戰略的書籍一樣多。」每個定義都包含各個學者的長年研究分析成果，並獲得全球認可。

總之，說明「何謂經營戰略」時也得一併說明其背後的整體理論。因此，「戰略的定義就跟戰略的書籍一樣多」也是理所當然的，因為企業環境會隨著時代進展而出現眼花撩亂的轉變，例如技術革新導致的產業結構變化、社會或經濟的全球化、消費者生活型態的改變等，經營戰略的定義也不得不隨之改變。

以前看起來合理的理論，也會因為時代變化而不再精準，無法解釋實際情況。所以經營戰略就必須經常更新，定義亦然。

🏛 經營戰略並非事先制定就好

關於經營戰略，還有一個大家容易誤解的地方。一般人對制定經營戰略的印象往往是：蒐集公司內外各種資料，不斷開會討論、構思內容，最後由經營高層決定。這種事先制定的戰略，在經營學稱為**「計畫型戰略」**。

另一方面，非事先制定的戰略稱為**「應變型戰略」**，

指的是在事業運轉過程中產生的經營戰略。即使事先備妥了戰略，但在實際運作事業時，一旦發生預料外的問題，就得調整戰略方針。這種情況肯定很多。經過反覆調整，最後完成的便是應變型戰略。這也包括在未準備任何戰略的情況下開展事業，解決各種問題後，回顧過往才發現「這就是我們的經營戰略」的情況。

「應變型戰略」會隨著時間逐漸成形

應變型戰略的概念，是1987年由經營學巨匠亨利‧明茲伯格（Henry Mintzberg）提出。在此之前的經營戰略都是事先制定才實行，他卻持反對意見。

明茲伯格分析了實際的企業活動，發現多數戰略是在實踐過程中逐漸成形，並成為企業的技術知識。他以「計畫」一詞表示計畫型戰略，以「模式」表示應變型戰略。直到今天，他的理論仍是談論經營戰略時不可或缺的元素。

無用的經營戰略？

之所以要在前文詳細說明應變型戰略，是因為這個概念對經營戰略的「見解」有莫大影響。若讀者將經營戰略當作「事先準備好的計畫型戰略」，那麼，閱讀經營

| 圖 2-2 | 「計畫型戰略」與「應變型戰略」 |

計畫型戰略

蒐集公司內外各種資料，不斷開會討論、構思內容，最後由經營高層決定的戰略。

應變型戰略

在事業運轉過程中產生的經營戰略。
實際運行事業的時候，反覆調整方針而完成的戰略。

戰略的書籍就是「毫無幫助」的。

　畢竟各企業所處的環境、內部人員、設備、資金實力千差萬別，就算是相同行業，這些差異仍然存在。就算擁有事先制定好的經營戰略，並獲得有利的情報，也未必能一路順風。

　成功的經營戰略應該著眼於實際上事業如何展開，以及要進行怎樣的調整，這才更有意義。例如，以前的日本企業通常不太重視事先制定經營戰略，「工作就是要邊做邊學」，這種個人層級的「工作觀」或許才是經營者的共同理念。多數日本企業都是在運作過程中獲得「know how」，靠著應變型戰略來達到成長。

🏛 建立起經營戰略的「假設」

　　但我在PART 1也提到，近來由於社會整體成熟化，難以用過去「邊做邊學」的做法提高收益，所以經營戰略也變得越來越重要。

　　重點在於，即使是採取應變型戰略，若能先備妥經營戰略，開展事業時就能盡早調整方針。

　　建立經營戰略的「假設」是很重要的。若是徒手打天下，勢必得花一段時間才會發現問題在哪裡。本書的目的並非針對制定經營戰略給予具體建議，而是著重在初步階段，並以簡單易懂的方式介紹最先進的商業模式。

　　不過，如前文所述，商業模式是附屬於經營戰略之下，若只針對經營戰略或商業模式來討論，就無法得到有用的啟發。我們必須先從企業如何「在理論上定位」經營戰略開始說明。

　　此外，思考經營戰略必須以現實企業的「應變型戰略」為前提。這就是經營戰略的「觀察」與「解讀」。

企業的 Mission 與 Vision

在戰略 4.0 中，企業的「Mission」與「Vision」扮演重要的角色。因此，必須先理解兩者和經營戰略有何關係。

🏛 代表企業「社會使命」的「Mission」

「使命」（Mission）這個概念最先是由國外企業引進，**「企業的Mission」就相當於「企業的任務或職責」**。

不過光是這樣說明的話，可能會有許多人誤解只是一般的經營理念或經營方針。事實上，對企業來說，「使命」是最該重視的首要概念。多數經營者都會制定自家公司的經營理念和經營方針，並且設定具體的業務目標或每日的行動指南，而「使命」就是這些目標與行動指南之首，是比經營理念和經營方針還要優先的概念。

「使命」也可說是該企業「不做就失去了這間公司的意義」的**「社會使命」**，或是企業本質的**「存在意義」**。也就是說，這是回答「你的公司為何存在？」的答案。因此，經營理念和經營方針、業務目標和行動指南都應該以使命為基準而誕生。

⌂ GAFA的使命是什麼？

這裡我以GAFA為例，來說明企業的使命。

首先，是Google提出的「匯整全球資料，以供大眾使用，並帶來效益」。這項使命非常符合以網路搜尋服務起家的Google。

Facebook的使命是「賦予人們建置社群的能力，並讓全球更緊密」。這項使命是2017年制定的，在此之前則是「讓世界更開通，連結更緊密」。經營者馬克‧祖克柏曾說：「不只是連結，而是要致力實現讓人與人更貼近彼此的世界。」因此換上了新的使命。

Amazon的使命是「地球上最以顧客為中心的公司」。無論是極力縮減購物支付流程的Amazon Go，或是以當日配送為目標的無人機送貨等等，都是基於這個使命而實現的嘗試。此外，Amazon的使命也納入了「願景」（Vision），這一點我將在PART 3的個別企業戰略中詳細說明。

⌂ 代表企業具體未來意象的「Vision」

另一方面，**「願景」（Vision）可說是企業「想要變成」的「未來樣貌」**。

也就是，如果說使命是**目的**，那麼願景則是**目標**，相

圖 2-3　GAFA的使命

Google

「匯整全球資料，以供大眾使用，並帶來效益。」

賴利・佩吉
謝爾蓋・布林

Apple

雖然沒有企業使命，但賈伯斯曾在廣告提出「Think different」（不同凡想）、「Your Verse Anthem」（你的讚美詩）、「重新定義」、「發起革命」等訊息。

史蒂夫・賈伯斯

Facebook

「賦予人們建置社群的能力，並讓全球更緊密。」

馬克・祖克柏

Amazon

「地球上最以顧客為中心的公司。」

傑夫・貝佐斯

當於「你的公司打算做什麼？」。此外還有一個概念，就是「價值」，是指企業重視的**價值觀或規範**，相當於「你的公司最重視的事情是什麼？」、「你的公司的優勢是什麼？」。

重點在於，使命、願景、價值三者能否確實融入公司實際提供的商品或服務，並反映在員工的行動當中。這絕非容易的事，能夠做到的企業少之又少。

使命、願景、價值融入公司提供的商品或服務，並反映在員工的行動，**這是讓公司成為「品牌」的「企業品牌化」的必要條件**，其重要性由此可見。

使命源自日本

其實，使命並非西方企業的特有文化，而是源自日本企業的經營哲學。

松下電器（現為 Panasonic）的創辦人松下幸之助，曾經提出「自來水哲學」。從大正到昭和那段時期（1920～30年代），日本的自來水基礎設施逐漸完善，人們不必再辛苦地從河川或水井汲水回家。松下先生主張，商品就像自來水一樣，如果能量產、方便、便宜，就能消除社會的不便及貧困，那正是公司的使命。他在昭和七年（1932年）向員工宣布實行這項所謂「自來水哲學」的社訓。松下先生可說是「使命經營」的始祖。除了松下

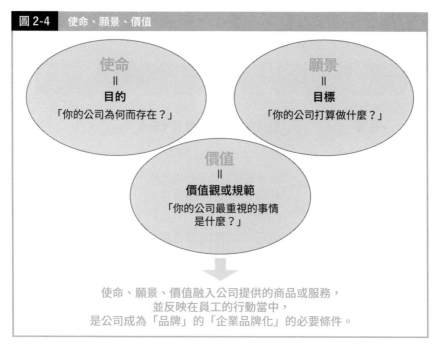

圖 2-4 使命、願景、價值

使命
＝
目的
「你的公司為何而存在？」

願景
＝
目標
「你的公司打算做什麼？」

價值
＝
價值觀或規範
「你的公司最重視的事情
是什麼？」

使命、願景、價值融入公司提供的商品或服務，
並反映在員工的行動當中，
是公司成為「品牌」的「企業品牌化」的必要條件。

電器，包括本田技研工業（Honda）、Sony、京瓷等日本的卓越企業，也都以理念或社訓這類形式，提出明確的使命。

「金融風暴」讓使命受到重視

世人重新認識到使命的重要性，將其視為企業最重視的規範或價值，並非很久以前的事。契機正是 2008 年，美國大型金融機構雷曼兄弟公司破產所引發的金融風暴。這次金融危機讓全世界的經濟都陷入了大蕭條。

圖 2-5　中國BATH和日本企業的使命

企業名稱	使命
百度	「用科技讓複雜的世界更簡單。」
阿里巴巴	「以基礎建設解決社會問題。」 「扶助中小企業和消費者。」
騰訊	「透過網路的附加價值服務， 　提升生活品質。」
華為	「構建萬物互聯的智能世界。」
軟銀	「透過資訊革命，使人們變得幸福。」
Sony	「用創意和科技的力量感動世界。」
迅銷	「改變服裝、改變常識、改變世界。」
樂天	「透過改革，讓群眾及社會掌握自己。」
Toyota	「為了顧客滿意的笑容，超越顧客的期待。」 「讓全世界的生活變得富足，社會變得豐裕。」

金融風暴發生之前，不只是美國，包含日本在內的許多國內外企業都落入「短期主義」的經營狀態。短期主義指的是，企業為了配合以股東為主的投資者意向，提高股價，只追求短期近利的經營心態。

在短期主義之下，企業必然是以利益至上，或以效率主義為優先，而忽視使命。然而，「百年一次」的金融風暴襲擊了全球經濟，狀況為之一變。以股東為第一優先的短期主義經營模式，是會讓公司破產的。實際上，無論大企業或中小企業，許多公司都在金融風暴期間面臨破產危機。經歷了此番震撼教育後，人們才開始關注使命的重要性。

🏛 使命是經營戰略的關鍵

雖然現在的我在書中提倡使命的重要性，但剛開始擔任經營顧問時，社會風氣傾向於「股東資本主義」的短期主義，所以那時我並不了解使命有多麼重要。

坦白說，當時我從事的顧問服務，都是著重在股價上升或股票上市等有助於增加股東價值的事情。金融風暴之後，儘管我許多客戶的公司面臨破產，但有些公司仍努力撐過了這個危機。

那些撐過來的公司不是只追求眼前的利益，而是重視與顧客或當地的連結、與社會的連結，並積極承擔社會

責任。親眼見證這樣的實情後，我對使命逐漸產生了自己的想法。

　　或許有些人會認為：「使命只是好聽的場面話，對實際的企業運作毫無幫助……」。我在PART 3也會提到各大企業的使命，並指出使命是戰略4.0的核心概念，絕非表面口號。在實際的經營戰略和運行事業方面，使命也扮演著重要的角色。

經營戰略的三個構造

經營戰略分為「總體戰略」、「事業戰略」、「功能戰略」。
美國經營學者麥可・波特（Michael E. Porter）又把總體戰略分為三種，企業能藉此建立競爭優勢。

以「總體戰略」達到經營資源最佳化

首先，**「總體戰略」**是指如何分配企業的方向、人力、資金、設備等經營資源，與企業整體有關的戰略。

企業運行著不只一項事業時，常常會有個別事業戰略不一的情形，導致無法有效活用經營資源。總體戰略的目標就是要讓個別事業之間產生加乘效果，達到經營資源最佳化。

制定總體戰略的流程分為兩種：一是「根據使命或願景，制定總體戰略，再拆解為個別的事業戰略」（計畫型戰略），以及「將個別的事業戰略或開創事業時累積的經驗，反饋在總體戰略」（應變型戰略）。

事實上，這兩種流程會互相來回影響，不斷地制定與更新。

🏛 提升競爭力的「事業戰略」，與提升生產力的「功能戰略」

「事業戰略」如字面所示，即事業的戰略。

企業運行著不只一個事業時，總體戰略和事業戰略是不同層次的問題，但如果只運行單一事業，總體戰略和事業戰略基本上是一致的。

事業戰略的基礎在於「以怎樣的市場及顧客為對象，提供商品或服務」，以此設定公司的事業領域，並針對該領域探討「如何建立比競爭對手更具優勢的定位」。故事業戰略又稱**「競爭戰略」**。我想許多人對經營戰略的印象，應該是比較接近事業戰略。

此外，討論如何建立讓收益持續增加的「商業模式」，也是事業戰略的課題之一。

「功能戰略」則是關於企業內各種「功能」的戰略，如人事、財務、生產管理、經營體制、資訊系統等。一般來說，所指的主要是「如何提升各功能的生產力」這類課題。

然而，由於各功能與企業整體息息相關，因此也必須從總體戰略的觀點來討論。下文將會提到Amazon以財務戰略決定總體戰略方向的實例。

圖 2-6	總體戰略、事業戰略、功能戰略

總體戰略

如何分配企業的方向、人力、資金、設備等經營資源,與企業整體有關的戰略。透過總體戰略,使個別事業之間產生加乘效果,達到經營資源的最佳化。

事業戰略

主要是設定市場或商品(服務)內容等事業領域的戰略。針對該領域討論「如何建立比競爭對手更具優勢的定位」,亦稱「競爭戰略」。

功能戰略

關於企業內的各種「功能」,如人事、財務、生產管理、經營體制、資訊系統等,聚焦於如何提升各功能的生產力等課題。

總體戰略的實例:麥可‧波特的競爭戰略

在此介紹一個總體戰略的知名理論,即美國經營學者麥可‧波特的競爭戰略。

波特是美國哈佛大學史上最年輕的教授,其著作《競爭戰略》(Competitive Strategy,或譯「競爭策略」)是經營戰略的經典之作,至今仍有許多經營者和專攻經營管理的學生在研讀。

　　波特舉出了三種在企業面對競爭對手時，可藉以維持競爭優勢的總體戰略，分別是**「成本領導戰略」**、**「差異化戰略」**、**「集中化戰略」**。

　　首先，**「成本領導戰略」**是指，在成本（＝價格）上比競爭對手更占優勢的戰略。若能以低成本提供商品或服務，即使銷售價格與競爭對手相同，仍能獲得更多利益。而且，因為可以用比競爭對手更低的價格銷售，在市場上也會獲得更大的市占率。

　　事實上，推出服飾品牌「Uniqlo」的迅銷集團就是採取成本領導戰略的企業。在《競爭戰略》這本書中，也有提及當競爭對手擁有成本優勢時的對策，例如擴大商品的生產規模，就能降低工廠與設備的成本，同時也會提升員工的生產力，達成更有效率的作業流程。也就是透過減少成本或增加效率，建立商品在成本面的優勢。

🏛 獲得顧客認定，才是「差異化戰略」的關鍵

　　「差異化戰略」指的是，讓顧客覺得自家公司的商品或服務「很特別，和其他公司不同」，進而建立競爭優勢的戰略。具體來說，差異化的重點在於：商品的品質或功能、品牌形象、售後服務等。即使生產成本比競爭對手高，但只要品質或功能優秀，就算銷售價格較高，同樣能獲得顧客。

假設有A、B兩家連鎖咖啡廳，它們提供相同的咖啡，但B在店面外觀、內部裝潢、桌椅等砸下重金，營造出高級感，若能因此得到顧客支持，就算價格比A高，也能維持營收。

然而，我們常常誤解了差異化戰略，以為「只要做和其他公司不同的事，就會成為差異」。但重點應該是**「顧客覺得差異提升了價值」**。只是「做不同的事」並非戰略，為此，必須採取能獲得顧客認定的對策。

🏛「集中化戰略」已是常識？

「集中化戰略」是指限定商品種類、目標顧客或地區等，集中經營資源的戰略。前述的成本領導戰略和差異化戰略，基本上是以大範圍市場為前提，集中化戰略則是以「限定的市場」為前提。

首先，是限定公司的事業領域，然後以在特定市場實現低成本或差異化為目標。不過，在某些市場當中，低成本和差異化是可以並行的。

然而，集中化戰略的重要性隨著時代式微，這是因為**戰略的內涵本來就包含了「縮小範圍」的意思。**提倡這個概念的波特教授，在後來發表的著作或論文也幾乎沒再提過集中化戰略。

或者應該這麼說比較正確：透過現實的企業經營狀況，證明了理論的正當性，於是理論也變得理所當然、不再需要提起了。

圖 2-7　建立競爭優勢的三種總體戰略

> 企業面對競爭對手時，可藉以維持競爭優勢的三種總體戰略：「成本領導戰略」、「差異化戰略」、「集中化戰略」。

美國經營學者
麥可・波特

1. 成本領導戰略

在成本（＝價格）上比競爭對手更占優勢的戰略。用比競爭對手更低的價格銷售，在市場上也會獲得更大的市占率。

2. 差異化戰略

讓顧客覺得自家公司的商品或服務「很特別，和其他公司不同」，進而建立競爭優勢的戰略。具體來說是指在商品的品質或功能、品牌形象、售後服務等，與競爭對手形成差異。但重點不只是形成差異，而是要讓顧客「覺得差異提升了價值」。

3. 集中化戰略

「集中化戰略」是指限定商品種類、目標顧客或地區等，集中經營資源的戰略。但近年的重要性逐漸式微。

利潤結構的分析

分析利潤結構有助於我們更深入理解一個企業的戰略。以下為各位介紹有效分析企業利潤結構的兩個方法：「箱形圖」和「ROA圖」。

🏛 從利潤結構解讀企業戰略

實行新的經營戰略或變更既有戰略時，企業的財務和利潤結構也會改變。舉個簡單易懂的例子，某企業開設了多家直營店，後來為強化電子商務而縮減店面，使得資產負債表（BS）的固定資產減少，於是人事費用也減少，損益表（PL）的營業費用也隨之減少。不過，為了彌補縮減直營店而減少的營業額，損益表的廣告費、促銷費、銷售佣金等營業費用，則會增加。

由此可知，經營戰略及商業模式對企業的資產負債表與損益表的結構有著莫大影響。換言之，只要檢視資產負債表或損益表，就能明白「一個企業採取怎樣的戰略」。

擁有成功經營戰略及商業模式的企業，其財務狀況就會在商業模式構成有獲益效率的資本。可以說，財務結構與經營戰略和商業模式的關係密不可分。

用「箱形圖」解讀利潤結構

企業的利潤結構是指「銷貨成本」、「毛利」、「營業費用」、「營業利益」等在營收所占的比例。

我將企業的利潤結構放入一個「箱子」做分析，就像把企業損益表（PL）的營收明細變成視覺化圖示。基本結構如右頁所示。

首先，箱子的左邊是營收。營收的右邊是銷貨成本和毛利，兩者相加等於營收。毛利的右邊是營業費用和營業利益，兩者相加等於毛利。從左邊的營收到右下的營業利益，構成了以下算式。

- 營收＝銷貨成本＋毛利
- 毛利＝營業費用＋營業利益

銷貨成本是指買進商品或製造商品時的花費，將營收扣除銷貨成本，就是毛利。

營業費用是銷售商品時花費的「銷售費用」，加上管理企業所需的「管理費用」，通常合稱「管銷費用」。**將毛利扣除營業費用（管銷費用），即是營業利益。**

圖 2-8　利潤結構的箱形圖

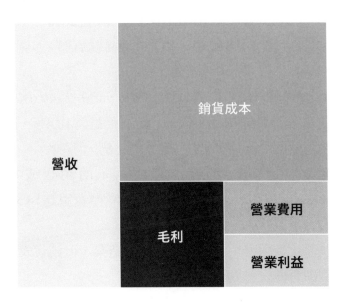

- 營收　　　＝銷貨成本＋毛利

- 銷貨成本　＝營收－毛利

- 毛利　　　＝營業費用＋營業利益

- 營業費用　＝毛利－營業利益

- 營業利益　＝毛利－營業費用

🏛 比較Sony和Toyota的「利潤結構」

右頁是以Sony和Toyota兩家公司在2018年4月～2019年3月的財報為準，製作的利潤結構箱形圖（圖2-9）。

Sony的銷貨成本占營收的59.4%，毛利為40.6%。毛利之中，營業費用為30.2%，營業利益為10.4%。請注意，這邊的「%」指的是占營收的比例。

接著，是Toyota的箱形圖。Toyota的銷貨成本為77.4%，毛利為22.6%。毛利之中，營業費用為14.5%，營業利益為8.1%。

試著比較兩家企業，雖然同為製造業，但銷貨成本的比例卻有極大差異。

此外，由於Sony的營業費用比例較高，所以在營業利益的比例上，兩家公司的差距縮小了。

由此可知，利潤結構的箱形圖不只能用來檢視單一企業，若用於比較不同企業，更能理解差異所在。

圖 2-9	Sony和Toyota的利潤結構

● Sony（2018年4月～2019年3月）

● Toyota（2018年4月～2019年3月）

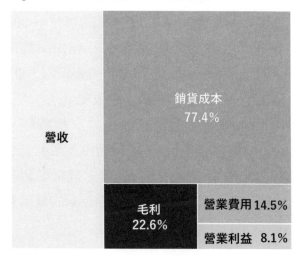

🏢 比較Amazon和阿里巴巴的「利潤結構」

接下來，比較看看全球最大電商企業Amazon與第二大的阿里巴巴（圖2-10）。

首先，從Amazon的利潤結構立刻就能看出營業利益很低，5.2%對網路服務公司來說，是相當低的數字。比起阿里巴巴的15.2%，差距顯而易見。兩家公司的落差就在於商業模式和戰略的差異，雖然同為電商企業，**但Amazon的電商主要是以Amazon為銷售者，稱為「直販型」；阿里巴巴則是以賣家為銷售者，稱作「市集型」。**

直販型指的是企業自行買進商品販售，因此銷貨成本會提高。另一方面，市集型電商不需要買進商品，所以銷貨成本會降低。雖然阿里巴巴在2018年4月～2019年3月的銷貨成本占54.9%，但2017年4月～2018年3月的銷貨成本只占42.8%。近年來，Amazon的市集規模與阿里巴巴的直販規模逐漸擴大，讓兩家公司的銷貨成本差距縮小，不過基本結構仍未改變。

此外，Amazon的低營業利益也是一種戰略。儘管Amazon每年達成巨額利益，仍持續投入龐大資金在設備投資和研究開發，以成為「地球上最重視顧客的企業」為目標。利潤結構也顯示了Amazon的真本領，後續在PART 3將有詳細說明。

圖 2-10 Amazon和阿里巴巴的利潤結構

● Amazon（2019年）

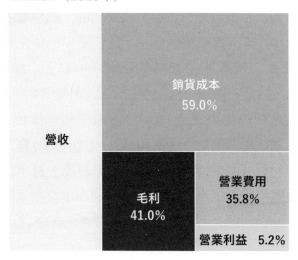

● 阿里巴巴（2018年4月～2019年3月）

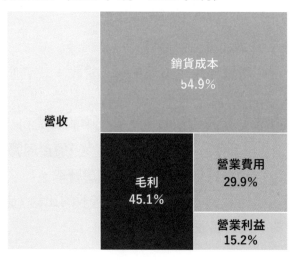

分析企業的「ROA圖」

最後要解說的是分析企業最常使用的**「ROA圖」**。

「ROA」即**「資產報酬率」**，這是顯示一個企業運用多少資產、創造多少利益的指標。ROA是「return on asset」的縮寫，return就是利益，asset則是資產。

通常計算ROA使用的「利益」是指「稅後淨利」，但我在這裡是用稅前的「營業利益」。**ROA的計算方式為「營業利益÷總資產」，數值（%）越高，表示企業越能有效運用資產提高利益**，數值低則表示資產運用效率差。

銷售淨利率和資產周轉率是關鍵

ROA＝營業利益÷總資產
　　　＝（營業利益÷營收）×（營收÷總資產）

ROA可再分解為兩個數值：算式中的營業利益÷營收是**「銷售淨利率」**，營收÷總資產是**「資產周轉率」**。因此，**ROA也＝銷售淨利率×資產周轉率**。

「銷售淨利率」就是營業利益占營收的比例。**淨利率高的企業，就是高收益體質。**

　　資產周轉率是指一年的營收可以讓公司的總資產周轉幾次。例如，總資產2億日圓的公司，年營收若是2億日圓，資產周轉率即為「1」。**資產周轉率越高，表示企業越能有效地活用資產。**

　　從**「ROA＝銷售淨利率×資產周轉率」**這個算式可知，若要提升ROA，必須提高銷售淨利率或資產周轉率。

　　檢視資產周轉率時要注意一件事：平均數值會依業種而異。擁有工廠或倉庫等大規模設施的製造商，或是保有資產規模較大的不動產業等，資產周轉率就會偏低；另一方面，營收高的貿易公司、零售業等則會偏高。網路企業雖然淨利率高，但因為營收通常不高，資產周轉率也不高。

🏛 比較ROA時，不可或缺的ROA圖

　　用ROA分析一家企業其實沒什麼意義，還是要和其他公司比較才有意義。而且，若沒有和其他公司比較，就無法知道自己公司的ROA數值是高或低。

　　這時候，**「ROA圖」**就能派上用場，用一張圖來彙整多家企業。

　　頁97的圖是GAFA、BATH等十五家公司的ROA圖（圖2-11）。從圖表可知，Facebook的銷售淨利率很高。在

發展全球社交平台方面，Facebook的對手騰訊也比其他企業高，但遙遙領先的還是Facebook。

另外，Amazon的銷售淨利率之低相當醒目。以電子商務為主力卻比製造商Sony和Toyota還低。不過，資產周轉率倒是相當高。從圖中也可看出Apple保持良好的平衡狀態，銷售淨利率與資產周轉率皆維持高水準。

🏛 日本企業的ROA屬於低水準

ROA是專業的機構投資者和分析師評估企業時的重要指標，未達一定水準的企業會被摒除在投資對象外。

如前文所述，多數的日本企業缺乏根據經營戰略或商業模式策劃財務戰略的觀點。因此，從公司規模來看，會出現自有資本過少或過剩的情況，可說是缺乏資本效率性的觀念。**即使是Toyota、Sony、樂天等日本具代表性的優良企業，比起GAFA或BATH，在現況來說ROA相對較低。**在追求資本效率性這方面仍亟需努力。

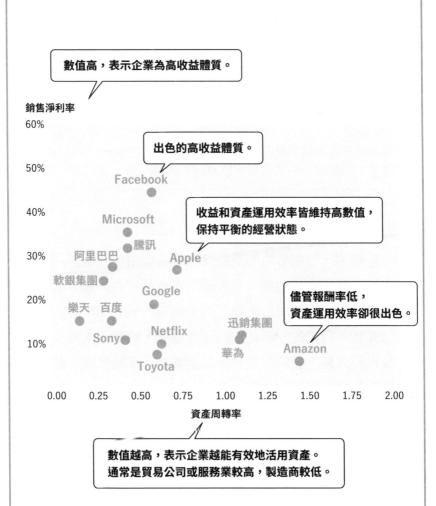

図 2-11　全球15家頂尖企業的ROA圖

數值高，表示企業為高收益體質。

銷售淨利率

60%

出色的高收益體質。

50%

Facebook

40%

Microsoft

收益和資產運用效率皆維持高數值，
保持平衡的經營狀態。

騰訊

30%　阿里巴巴　　Apple

軟銀集團

Google

儘管報酬率低，
資產運用效率卻很出色。

20%　樂天　百度

迅銷集團

Netflix

10%　Sony

華為　　Amazon

Toyota

0.00　　0.25　　0.50　　0.75　　1.00　　1.25　　1.50　　1.75　　2.00

資產周轉率

數值越高，表示企業越能有效地活用資產。
通常是貿易公司或服務業較高，製造商較低。

Point!

比起GAFA或BATH等國外頂尖企業，
日本的頂尖企業Toyota、樂天、Sony的ROA相對較低。

行銷戰略

行銷戰略這個重要概念是從菲利普·科特勒提倡的「行銷3.0」而來，指的是行銷的發展大致經歷了三個階段。

🏛 行銷戰略不只是下廣告或打促銷

近年來，行銷戰略的重要性在經營戰略中逐漸提高。由於行銷的定義複雜，令人難以正確理解。一般人印象中的廣告、促銷或市調等，只不過是行銷的一部分。

其實，行銷的定義就如同經營戰略，解釋因人而異。我在此以最常見的說法，將其定義為「讓商品或服務得以暢銷的所有市場活動」。

🏛 首先，必須看透顧客的需求

不過，把行銷當作「讓商品或服務得以暢銷的所有市場活動」，總會聯想到廣告、促銷與市調。因此，我讓定義變得更簡單：**「回應顧客的需求，並提供解決方案」**。

「需求」也有許多切入點，例如已知的**「現實需求」**與未知的**「潛在需求」**。兩者相比，潛在需求比較重要，因為若能比競爭對手更早找出潛在需求，便可搶先提供商品或解決方案（針對「潛在需求」的行銷，稱為「洞察力」，後文將有詳細說明）。

🏛 行銷發展的三個階段

想要深入理解行銷戰略，就得請出行銷之神菲利普‧科特勒。接下來就為各位介紹他提倡的新時代行銷——「行銷3.0」。

行銷的概念在十九世紀初誕生於美國，科特勒說「行銷的發展大致經歷了三個階段」。首先是第一階段的「行銷1.0」，發生在十九世紀初期至中期，工業順利發展的時代。

這個時代的市場，多為大量生產與消費的統一規格產品。為了讓多數的消費者購買產品，便透過量產來降低價格，是極為簡單的行銷方式。也可說是將工廠量產的產品，單方面賣給顧客的**「產品導向的行銷」**。

🏛 資訊社會誕生的「行銷2.0」

「行銷2.0」誕生在1970年代後的資訊社會。媒體的

蓬勃發展，讓消費者對於商品或服務擁有充足的資訊，於是他們會依自己的喜好或目的，選購商品或服務。消費者的喜好不斷細分，行銷不得不配合這股動向，提供更周到的對策。

若說行銷1.0是「產品導向」，行銷2.0就是**「顧客導向的行銷」**。分析顧客想要怎樣的產品，並製作、販賣回應顧客需求的商品。

但，顧客導向只是企業以單一觀點去思考「如何讓消費者購買商品或服務」。消費者對企業來說，是被動的目標，就這點來看，和行銷1.0並無差異。

🏛 消費者與企業合作的「行銷3.0」

如今已是「行銷3.0」的時代。科特勒指出，這個階段的行銷結構和1.0、2.0截然不同。

隨著Twitter、Facebook、YouTube等社群媒體的發達，消費者擁有不輸給媒體的發言權，因此，消費者的意見或感想會直接擴散至社會。現代可說是消費者主動創造價值的時代。受到這樣的時代變化影響，過去只把消費者當作單方面目標的行銷已經行不通了。

消費者不再只是「消費的人」，他們會主動傳播商品或服務的資訊，找出其價值。消費者在社群媒體傳播的資訊並非都是正面的內容，也會針對商品或服務發表負

面資訊，倘若置之不理，可能會成為攸關企業存亡的問題。積極傾聽消費者的心聲，迅速改正負面反應、擴大正面回饋才是最重要的對策。也就是說，**消費者與企業合力創造價值的行銷，已經成為必要**。所以，行銷3.0也可說是**「價值導向的行銷」**。

圖 2-12　科特勒的行銷三階段

行銷1.0

誕生在19世紀工業化之後的「產品導向行銷」。大量生產、消費的統一規格產品。為了讓多數的消費者購買產品，便透過量產來降低價格的簡單行銷方式。

行銷2.0

誕生在1970年代資訊社會的「顧客導向行銷」。分析顧客想要怎樣的產品，並製作、販賣回應顧客需求的商品。但企業是以單一觀點去思考「如何讓消費者購買商品或服務」，其本質與行銷1.0並無差異。

行銷3.0

誕生在社群媒體發達、消費者積極傳播資訊的現代，是「價值導向行銷」。消費者與企業合力創造價值。

使命經營

菲利普‧科特勒說過,價值導向行銷的成功關鍵就在於「使命經營」。

🏛 企業不再以利益至上

科特勒也提到,「企業正置身於嶄新的變化。」隨著經濟和資訊的全球化發展,世界變得更開闊,以往穩定的國家與社會結構開始動搖。國內外的貧富差距擴大,以及環境問題等全球性的危機彷彿就近在身邊,加深了社會的不安。在這樣的時代,企業應該如何履行社會責任呢?

科特勒主張,為了回應各種不安,**企業必須具備超越以往的「社會理念」**。例如地球暖化和塑膠垃圾等環境議題,受到越來越多的重視。

該如何面對這種全球性課題,企業也被人們要求表明社會理念。因為企業正是引起地球暖化和塑膠垃圾問題的原因之一。

該如何處理環境問題、如何履行社會責任,企業若不

積極表達這些訊息，就無法得到消費者的支持。堅持利益至上主義、不採取任何對策的企業，終究會被消費者拋棄。

🏛 使命＋行銷＝創造價值

在社群媒體上，消費者對企業有著各種正、負面評價，就像對商品或服務的評價一樣。當企業明確發出改善環境問題的訊息，就能獲得有共鳴的消費者支持。

消費者是造成環境問題的另一原因。有些消費者認為，積極購買想要改善問題的企業的商品或服務，自己也算是加入了解決問題的行列。這就是消費者與企業合作、創造價值的過程。

科特勒說，能實現價值導向的「行銷3.0」之經營理念，就是「使命經營」。使命是企業的存在意義，傳達了企業的社會使命與任務。今後的消費者不會只是購買商品或服務，而是會先對企業的精神或意識產生共鳴，然後才購買。消費者在這些企業使命中找到價值，並獲得滿足感。

反之，沒有使命意識、只顧追求自身利益的企業則會失去支持。也就是說，**使命是行銷3.0不可或缺的要素。**

🏛 使命經營的實例：
Uniqlo的「GrameenUNIQLO」

Uniqlo在孟加拉從事的行動，正是行銷3.0的使命經營實例。

Uniqlo提出的使命是「提供真正優質、前所未有、全新價值的服裝。讓世界上所有人都能夠享受穿著優質服裝的快樂、幸福與滿足」，以及「透過自主的企業行動，以社會和諧為發展目標，為充實人們的生活做出貢獻」。

Uniqlo明確表明要透過企業行動對社會做出什麼貢獻，而不是公司的營收或成長目標。這不是利益至上的經營理念，而是使命經營。

在這個使命下，Uniqlo執行了各式各樣的國際型社會貢獻，當中最受關注的是與孟加拉的格萊珉銀行（Grameen Bank，也稱鄉村銀行）合作推動的「Grameen UNIQLO」計畫。

孟加拉的貧富差距很大，造成嚴重的社會問題。該國的格萊珉銀行為了消除貧困，遂針對貧困階層提供小額信貸的「微型金融」。而Uniqlo也支援這項行動，一同實現消除貧困的目標，便在2011年設立了Grameen UNIQLO。

計畫設立後展現積極的作為，先是在孟加拉國內開創

了以貧困階層為對象，一件衣服平均售價一美元的事業，並雇用稱為「格萊珉小姐」的當地婦女，讓她們走進農村，銷售廉價衣物。

接著，Uniqlo透過聯合國兒童基金會來升格學校教育，支援了旗下縫製工廠約兩萬名女性員工的教育。此外，還運用Grameen UNIQLO的盈利，投資孟加拉的社會企業。

🏛 使命經營的商業力

透過上述各式各樣的行動，Uniqlo的社長柳井正先生在孟加拉獲得極高的人氣。今後，只要孟加拉的經濟成長，國民的消費力提升，Uniqlo在該國的營收也會有飛躍性的增長。事實上，孟加拉的Uniqlo店面確實正在增加，趨勢可見一斑。

使命經營的崇高理念牢牢刻劃在每一位消費者心中，由此創造出了企業的忠實粉絲。這證實了科特勒在行銷3.0主張的使命經營之優勢所在。

有些人認為，使命經營只不過是「光說理想，對實際生意沒有任何幫助」。不過，會這樣想的經營者早已被時代的巨變拋在了後頭。**當行銷進入「3.0」時代，使命的重要性一定會越來越高。**

STP 分析

菲利普・科特勒彙整而成的STP分析，是分析行銷的有效方法。而根據STP分析所策劃的STP戰略，就是行銷戰略。

🏛 「STP分析」是什麼？

在消費結構趨於成熟的現代社會，行銷在企業的經營戰略中越來越重要。接下來我將針對行銷戰略的具體方法進行解說。

首先是**「STP分析」**，這個方法是由前文提到的行銷學之父菲利普・科特勒彙整而成，可說是行銷「基礎中的基礎」。

「STP」這個名稱取自**「市場區隔」（Segmentation）、「目標市場」（Targeting）和「市場定位」（Positioning）**的第一個英文字母。以下簡單說明。

市場區隔（S）也叫作「市場細分」，是指**從模糊不清的市場及顧客中，區分出擁有相同傾向或需求的市場及顧客。**區分出來的市場及顧客，就稱為「區塊」（Segment）。

目標市場（T）指的是，**企業決定自己要鎖定在哪一（些）區塊（＝市場、顧客等）**。這種狀況下，競爭對手越少越好，若能找到還不存在的區塊更好。

此外，企業自身是否符合區塊的規模或成長性，以及自己的優勢或使命為何，也是很重要的評估因子。目標市場和市場區隔通常會並行，透過市場區隔劃分出市場及顧客，再鎖定目標市場的顧客。

🏛 在顧客的腦中進行「市場定位」

最後，市場定位（P）是**針對鎖定的目標，找出能讓企業產生差異的定位**。此步驟常被視為針對競爭商品或服務，以價格、品質、銷售通路等左右市場優劣的因素為基準，並進行比較。但實際上不光如此。

重點是「顧客是否覺得有差異」，而非「公司認為有差異」。舉例來說，比起競爭商品，自家商品價格雖高，但品質好，公司認為「能夠產生差異」。但若顧客覺得「和其他商品差不多」的話，這個定位就等同失敗。

也就是說，**不要強行推銷自己的優勢，而是時時思考該怎麼做才會讓顧客覺得自家商品或服務有差異**，必須保持這樣的觀點才行。

我對**市場定位的定義是：「在顧客的內心、理智及精神之中，描繪自己的公司或自家的產品與服務」**。不是

以公司的邏輯，而是依據消費者的邏輯，「在消費者的腦中」形成獨自的定位。應該這麼想才對。

用「洞察力」創造顧客需求

基於這樣的觀點，我們在行銷界經常會聽到**「洞察力」**一詞。洞察力的英文是「insight」，意即「看透、識破」之意。「只是站在顧客的立場思考還不夠！還要窺探顧客的想法，並以此來思考。」心中隨時有都要「顧客」的存在。

不只如此，除了要洞察顧客的想法，更要**「挖掘出本人尚未察覺的需求」**。

行銷時之所以運用洞察力，原因在於現代已不是「發現需求才創造」，而必須是「出自需求而創造」。如今已是各種商品與服務邁入「低價、高性能」的時代，因此，深入探究「消費者會選擇什麼」的洞察力，變得不可或缺。

威脅到Yahoo!拍賣王座的「Mercari」

前文的內容或許有些抽象，接下來我將以具體實例來說明。這是日本知名二手交易App「Mercari」的例子。

二手交易App可以在智慧型手機下載，讓使用者參與

圖 2-13　STP分析

1.市場區隔　Segmentation

從模糊不清的市場及顧客中，區分出擁有相同傾向或需求的市場及顧客。

2.目標市場　Targeting

企業決定自己要鎖定在哪一（些）區塊（＝市場、顧客等）。目標市場和市場區隔通常會並行，透過市場區隔劃分出市場及顧客，再鎖定目標市場的顧客。

3.市場定位　Positioning

針對鎖定的目標，找出能讓企業產生差異的定位。

如何才可以做出讓這些人認可的商品或服務……

網路上的二手交易服務。Mercari創業於2013年2月，同年7月開始推行服務。當時，日本知名電商Fablic已推出名為「Fril」的二手交易App。然而，Mercari推出後，立刻獲得廣大用戶支持，儘管競爭對手陸續出現，Mercari仍在短時間內就成為二手交易App界的龍頭。2018年6月，創業短短五年便已股票上市。

以往在日本，只要提到網路個人交易服務，就會想到「Yahoo!拍賣」。日本的Yahoo!拍賣創立於1999年9月，用戶將商品上架到網站，然後由出價最高者得標（＝購買）。Yahoo!拍賣始終穩坐拍賣網站的龍頭寶座。

我們來看看兩者的近況。Mercari在2018年7月～2019年6月的日本國內貨幣流通總額是4,902億日圓（約1,226億台幣）；Yahoo!拍賣在2018年4月～2019年3月則是達到8,899億日圓（約2,225億台幣）。乍看之下似乎差距頗大，但Yahoo!拍賣的金額其實是把官方賣場與個人交易合併計算，並未公開個人交易金額。單就個人交易方面，雖然只是推估，Mercari應該已相當逼近Yahoo!拍賣。

而且，從2018年手機App用戶數量來比較，會發現Mercari已經超越Yahoo!拍賣。隨著電腦使用者減少，消費者紛紛改用手機App，兩者的交易金額差距應該會越來越接近。

🏛 「樂天拍賣」的慘敗經驗

在二手交易App出現以前，Yahoo!拍賣的地位穩如泰山，就連最大競爭對手「樂天拍賣」也敵不過。

樂天開設「樂天拍賣」的時間和Yahoo!拍賣差不多。不過，拍賣網只是「樂天市場」的服務項目之一，並未帶來用戶數和商品數的成長。

之後，Yahoo!拍賣遙遙領先，網拍市場也逐漸擴大。樂天為了扳回一城，與電信公司NTT Docomo進行業務及資本合作，在2005年12月成立了樂天拍賣股份有限公司。樂天拍賣最大的賣點是支援NTT Docomo的「i-mode」*，當時樂天市場的會員數超過三千萬人，如此龐大的用戶群，再加上當時手機市場霸主Docomo的用戶，任誰都會預測應該能夠搶走Yahoo!拍賣的市占率。

儘管大肆宣傳，卻是雷聲大雨點小，最後樂天拍賣在2016年10月悄悄結束了服務。

樂天拍賣失敗的原因在於無法和Yahoo!拍賣產生差異，其拍賣網的架構與使用方法幾乎和Yahoo!拍賣一樣。雖然樂天想透過樂天點數（Super Point）「即用即送」的服務來創造優勢，以及靠著龐大的用戶群決一勝

---

* 譯注：有i-mode功能的手機機種可以收發email、瀏覽網站，在智慧型手機尚未普及的年代，i-mode是手機上網服務的先驅。

負，但一成不變的服務卻無法勾起用戶的轉換意願。

企業自認的差異優勢，對使用者來說卻不是差異。

🏛 拍賣與二手交易有何不同？

那麼，像Mercari這樣創業不久的新創企業，為何能在短短數年內威脅到Yahoo!拍賣的王座呢？

正是因為該公司**成功創造出與Yahoo!拍賣的「差異」**。

對使用者而言，Yahoo!拍賣的價值是什麼？針對上架商品，由出價最高者得標（＝購買）。在這樣的架構下，買家之間的競爭越熱烈，賣家越有可能高價賣出。另一方面，買家獲得想要的東西所帶來的滿足感，以及在競爭中勝出的成就感，讓拍賣的根基，也就是「競爭」，具有莫大魅力。

能夠和這個「競爭」產生差異的又是什麼呢？答案就是**「共鳴」**。

Mercari提供的服務是網路二手市場，起源是法國的「跳蚤市場」，基於「物盡其用」的省資源、節能理念，讓人們將用不到、可再使用的物品帶到公園等處進行買賣或交換，達到重新利用的效果。Mercari的使命——**「成為創造新價值的世界型市場」**，正好反映了跳蚤市場的理念。

Mercari的企業使命是這樣說的:「世界上生產、販賣著許多的物品和服務,但隨意丟棄對某人有價值的東西,就會造成地球資源的浪費。為了減少『丟棄』,讓人與人之間能夠簡單、安全地進行物品買賣,我們在日本和美國推出二手交易App『Mercari』。」尤其是「減少丟棄」這組關鍵字一再受到強調。

🏛 共鳴vs競爭

對擁有者來說,沒有利用價值的東西通常會丟掉。但,**多數人也覺得「把還能用的東西丟掉很可惜」**,二手交易App「Mercari」便回應了這種想法。

二手交易的供需來自於「原本要丟掉的物品,也許是某人想要的東西」,對這個想法有共鳴的人,就會願意購買。也就是,**對Mercari來說,「共鳴」的價值無比重要。**

因此,Mercari的App設計成能讓買方針對商品提出各種問題或要求。在Yahoo!拍賣經常被買賣雙方「嫌麻煩」的溝通,卻在Mercari產生了共鳴,反倒成為App的強項。

實際觀察用戶狀況發現,Yahoo!拍賣的使用者多為男性,Mercari則是女性,形成鮮明對比。換句話說,男性是在競爭中尋找價值,女性則從共鳴中尋找價值。

　　要和拍賣做出差異，就必須提供使用者取代「競爭」的其他魅力。樂天拍賣沒做到這點，因為該公司並未窺探使用者的想法。然而，Mercari透過使用者的共鳴，做出了服務的差異，成功在消費者心中建立起獨特定位。

圖 2-14　挑戰Yahoo!拍賣王座的Mercari

Yahoo!拍賣 vs 樂天拍賣

「王者」
Yahoo!拍賣

「勁敵」
樂天拍賣

1999年創立

2005年創立

Yahoo!拍賣獲勝！
樂天想以點數服務與龐大用戶群
取得勝利，結果慘敗。

2016年結束服務

Yahoo!拍賣 vs Mercari

「王者」
Yahoo!拍賣

「新勢力」
Mercari

2013年創立

不相上下
Mercari將「共鳴」當作差異重點，
回應了使用者的想法，獲得廣大支持。

115

經營戰略 4.0 圖鑑

PEST 分析

從事行銷時，掌握企業無法控制的「外部因素」非常重要。分析這些外部因素的方法，就是 PEST 分析。

🏛 行銷之神提倡的「PEST分析」

對開展跨國境事業的全球企業而言，預先了解各國的政治和經濟狀況、企業活動的相關規定等，是至關重要的事情。此時能派上用場的行銷方法就是**「PEST分析」**。

PEST分析方法讓我們得以分析企業無法控制的外部環境，起初是由本書屢屢提到的行銷之神菲利普・科特勒所提出的理論。「PEST」是政治（Politics）、經濟（Economy）、社會（Society）、科技（Technology）這四個詞彙的第一個字母組成的簡稱。

科特勒指出，分析這四個要素，並試著理解那些企業無論如何都無法解決的外部因素，是讓事業成功的先決條件。

圖 2-15　　PEST分析的四個要素

政治
Politics

・政治制度
・國內外的政治勢力
・法律（稅制）
・治安或國防對策
・國民的政治關心度　　　　　等

經濟
Economy

・產業結構
・國內外的經濟活動狀況
・物價
・消費動向
・國民所得
・消費者心理
・金融市場（股價、利息、匯率）
　　　　　　　　　　　　　　等

社會
Society

・人口遷徙
・流行或趨勢
・文化特性
・語言
・宗教　　　　　　　　　　　等

科技
Technology

・既有的生產設備與工廠
・普及的裝置設備
・新科技（IoT、AI、大數據等）
　的普及度
・專利（智慧財產權的相關環境）
　　　　　　　　　　　　　　等

🏛 商業不可輕忽的外部環境

同時分析政治、經濟、社會、科技,掌握這些外部環境,將有助於行銷戰略,以及商品、服務的開發。

🏛 以PEST分析說明「美中貿易戰」

那麼,實際上如何進行PEST分析呢?有一個絕佳的案例,那就是2018年起越來越激烈的「美中貿易戰」。

這場美國與中國的貿易衝突,又稱為「美中新冷戰」。兩國之間的問題浮上檯面後,對全球經濟持續造成重大影響,也成為將來左右著GAFA和BATH之戰的重要外部因素。我們使用PEST分析的框架,整理出美中新冷戰的結構。

首先是政治因素,美國前總統川普宣示「要成為軍事武力強大的美國」,而中國的國家主席習近平也宣告「要成為軍事武力強大的中國」。也就是說,**在政治上,這是一場「包含軍事與國安在內的全面戰爭」。**

經濟因素則是「美國式的自由市場資本主義」與「中國式的國家資本主義」之戰。**阿里巴巴和騰訊等中國科技巨擘的飛躍發展背後,有著中國政府的強力支援。**若是以掌握市場「霸權」為目標,**中國式的國家資本主義比較有利。**

圖 2-16 美中貿易戰的PEST分析

政治
Politics

前總統川普
「成為軍事武力
強大的美國」

VS

國家主席習近平
「成為軍事武力
強大的中國」

包含軍事與國安在內的全面戰爭。

經濟
Economy

自由市場
資本主義

VS

國家
資本主義

若是以掌握市場「霸權」為目標，
中國的國家資本主義比較有利。

社會
Society

自由

VS

專制

「美國的自由」與「中國的專制」
形成國家理念的價值觀對立。

科技
Technology

享有
「先行者優勢」

VS

享有
「後進者優勢」

這個對立形勢已經瓦解，
目前在許多領域已是中國科技領先。

🏛 美國的自由vs中國的專制

再來，從社會因素來看，美國基本上是重視多元性的國家。美國是由移民建立的移民國家，這個傳統至今仍支撐著該國的多元性。前總統川普上任之後，歐巴馬政權時代重視多元性和少數族群的立場衰退，但**尊重多元性**的國家特質並未改變。

另一方面，**中國在成立的過程中，比起「自由」，「專制」才是國家的基本理念**。專制之下，政府方便控制人民，卻也產生了限制言論或抑制人權的負面形象。因此，**在社會因素上，「美國的自由」與「中國的專制」**形成國家理念的價值觀對立。

🏛 中國做為「專制國家」的優勢

科技因素上，一般會說是「美國享有先行者優勢」，而中國模仿其形式，「享有後進者優勢」。然而，這個看法必須修正。

目前在許多領域已是中國科技領先。甚至，以BATH為首的科技企業為了獲得先行者優勢，已經在科技領域展開霸權爭奪戰。

現在科技業的主戰場是AI的開發與活用。不過，AI只是手段，目的在於獲得社會性的成就。為此，運用

AI分析、蒐集大數據，是至關重要的事情。也就是說，**成為AI科技霸權的關鍵是如何蒐集大量的大數據，身為專制國家的中國因此享有優勢。**

🏢「華為風暴」就是美中新冷戰的縮影

2018年12月發生的「華為風暴」，讓美中貿易戰的嚴重對立浮上了檯面。加拿大偵查機關應美國政府司法互助要求，以違法金融交易的嫌疑逮捕了華為創辦人任正非之女、同時也是副董事長兼財務長（CFO）孟晚舟。

事件發生後，金融市場出現動搖，除了美國，在日本、中國、歐洲與世界各地都引發股災。此外，2019年1月，美國司法部針對美國制裁伊朗的規定和竊取企業機密這兩起事件，以銀行詐欺、電信詐欺、洗錢、妨害司法等多達23項罪名起訴華為。

一連串的動盪下來，美國強烈敵視華為已是有目共睹。但為何只是一家企業的華為會受到如此程度的封殺呢？

🏢美國真正的目標是阻止「中國製造2025」

美國封殺華為並不是突然開始。早在2012年，美國眾議院調查委員會的報告中便已主張，華為，以及與華

為勢均力敵的中國通訊大廠「中興通訊」（ZTE）這兩家公司，會對美國國安造成威脅。因此，2014年美國政府機關採取禁用華為產品的措施，2018年更制定了美國政府機關及職員禁用華為與中興通訊產品的「國防授權法」。

美國的直接目標應該是阻止華為在美國及其同盟國發展基地台事業，尤其是要阻止華為稱霸5G，並中止華為的象徵事業，也就是中國政府推動的「中國製造2025」政策。這項政策是中國賭上命運，要在2049年的建國一百週年前成為「世界製造大國」的國家計畫。

🏛 美中進入長期對立

從PEST分析就能知道，美中貿易戰是國家之間的全面對決，而不只是「貿易戰」。

美國「封殺華為」的本質，不只是企業間的市占率之爭，更可說是直接反映了「美中新冷戰」。2020年1月，美中兩國首領簽署了「第一階段貿易協議」，然而，細看內容就會發現，兩國對於重要問題並未達成協議。美中之間的對立想必會延長為十年、二十年甚至三十年的中長期之戰。

商業模式

經常有人把商業模式誤解為「事業戰略」，但其實應該是將
「總體戰略」、「事業戰略」、「功能戰略」重新編組而成。

🏛 什麼是商業模式？

　　「商業模式」一詞經常出現在新聞中，但這個詞會依
使用者和文脈不同，而有各種含意，我將先為各位弄清
楚「商業模式」的定義。

　　我想，各位熟知的商業模式是指「產生營收的事業流
程」。最基本的形式是向顧客銷售自家產品或服務的
「商品銷售模式」。向顧客銷售物品並獲得利益，這種
單純的模式相當於製造商。

　　不生產商品，而是從其他公司採購、銷售的是**「零售
模式」**，相當於零售業。不管是百貨公司或家電量販店
等大公司，或是街上的中小型商店，雖然營收規模有不
小的差異，但在商業模式上皆屬零售模式（同一模式也
可能有很多不同名稱，下不贅述）。

🏛 Google一開始採取的是「廣告模式」

另外還有讓商品或服務下廣告，並以賺取廣告費為主要營收的**「廣告模式」**，最具代表性的就是電視台和電台等傳播業。企業在自家電視台或電台播放廣告，再從廣告主（＝贊助商）獲取廣告費。Google創業初期也是採取「廣告模式」。

現已成為核心商業模式的網路廣告模式，其結構是提供使用者免費的搜尋服務，並在顯示搜尋結果的頁面上刊登廣告，從贊助商手中收取廣告費。

還有，主體不是商品，而是使用商品時必要的消耗品，並從中獲取利益的**「消耗品模式」**，最具代表性的是印表機廠商。起初，電腦的印表機是針對個人銷售的商品，光是印表機的銷售就能獲得充分利益，屬於商品銷售模式。然而隨著價格競爭趨於激烈，印表機本身的營收已無法獲利，於是轉變為從越用越少的墨水（＝消耗品）來獲得利益的消耗品模式。銷售方針也變成降低印表機的價格，以獲取更多使用者。

近年較有代表性的消耗品模式案例是辦公室常見的膠囊咖啡機。由廠商免費提供咖啡機，以銷售專用的咖啡膠囊來獲得利益。

必須關注公司內部的「結構」

像這樣著眼於「產生營收的事業流程」的商業模式，除了前述幾種，還有好幾個基本類型，而且都相當淺顯易懂，所以已然定型。

商業模式的常見定義是「創造利益的結構」或「賺錢的結構」，這確實符合大部分的模式。這樣理解商業模式並沒有錯，以「理解基本模式」來說也相對容易。

不過，這種簡易理解缺乏了重要的觀點。雖然是創造利益的結構，但為了達到創造利益這個目標，也要著眼於企業內部結構，思索「如何活用經營資源，創造並提供對顧客有價值的東西」。必須同時考量兩者，才能完整地理解商業模式。

若只聚焦於事業流程以及隨之而來的金錢流向，就不能理解商業模式。若沒有掌握創造利益的結構、活用內部的經營資源或業務手段，就無法貼近其本質。

考量整體經營戰略，完善你的商業模式

在此先整理一下經營戰略與商業模式的關係。如前所述，經營戰略分為總體戰略、事業戰略和功能戰略。將商業模式視為「創造利益的結構」，就會產生「商業模式＝事業戰略」的認知。不過，如果加入「如何活用經

營資源，創造並提供對顧客有價值的東西」這個觀點，就會有所改變。

總體戰略的目的是達到經營資源最佳化，功能戰略的目的是提升人事、財務、生產管理、經營體制等各功能的生產力。全部放在一起考量，便會構成「總體戰略＋事業戰略＋功能戰略＝商業模式」這樣的關係。

此外，還有一個重點需要留意。如果想持續獲得利益，就必須比較競爭對手的商業模式，藉此尋求差異化。

也就是說，**將「總體戰略＋事業戰略＋功能戰略」重新編組而成，才是商業模式**。換言之，**比起經營戰略，商業模式的領域還要再廣一點**。

🏛 「戰略4.0」的商業模式

前文在經營戰略提到，為了贏過競爭對手，用STP分析獲得的市場定位非常重要，這個觀念現在已十分普遍。本書也以「洞察力」做為行銷3.0時代的定位戰略，藉此說明其重要性。

但只靠定位的話，難以在市場上建立勝過競爭對手的優勢，還必須納入總體戰略和功能戰略的觀點，重新編組戰略。因此，商業模式的概念在這裡就能發揮成效。

的確，商業模式一詞的意思含糊不清，有各種含意，

但或許也是因為其意指全貌所致。

　以上述的理解為前提，各位應該就能知道在PART 1
介紹的「平台」、「商業生態系」與「經濟圈」，都是「戰
略4.0」商業模式不可或缺的要素。

PART3

跑在世界最前端
15 家頂尖企業的
「經營戰略 4.0」全解讀

從十五家頂尖企業的戰略，解讀「優勢」祕密

前文為各位介紹了商業模式、核心科技，以及各類經營戰略等。我在PART 3會一一地詳細分析「戰略4.0」的**「重要成員」**。

雖然現在站在世界最前端的企業很多，不過本書只鎖定十五家企業當「主角」，並分為美國科技巨擘GAFA、戰略轉型成功的美國雙王、中國四朵雲BATH、日本五大戰略4.0企業四組，依序說明。

首先是美國科技巨擘Google、Apple、Facebook、Amazon組成的GAFA。接著是同屬美國的Netflix與Microsoft。第三組是與GAFA相抗衡，由中國科技巨頭百度、阿里巴巴、騰訊和華為組成的BATH。

最後一組則是對抗著GAFA和BATH，試圖捲土重來的五家日本企業：SoftBank Group（軟銀集團）、Sony、Fast Retailing（迅銷集團）、Rakuten（樂天）和Toyota。

我將會讓大家知道，在世界的最前端，這些頂尖企業正在各個領域展開激烈的霸權爭奪。

圖 3-1	「戰略4.0」的企業	
1	Google	美國 科技巨擘 GAFA
2	Apple	
3	Facebook	
4	Amazon	
5	Netflix	戰略轉型 成功的 美國雙王
6	Microsoft	
7	百度	中國 四朵雲 BATH
8	阿里巴巴	
9	騰訊	
10	華為	
11	SoftBank Group	日本 五大 戰略4.0 企業
12	Sony	
13	Fast Retailing	
14	Rakuten	
15	Toyota	

經營戰略
4.0
圖鑑

谷歌

Google

Google 以網路搜尋服務為支柱，穩坐廣告業的世界龍頭寶座。現在，Google 的戰略轉向至「AI 優先」，我們將從戰略轉換的背景出發，解讀 Google 的下一步。

解讀 Google「戰略 4.0」的關鍵字

🔒 AI
🔒 自動駕駛

創立 > 1998 年
創辦人 > 賴利・佩吉（Larry Page）、謝爾蓋・布林（Sergey Brin）
現任執行長 > 桑達・皮采（Sundar Pichai）
主要事業 > 網路廣告
2019 年營收 > 1,619 億美元（4 兆 4,523 億台幣）

🏛 世界最頂尖的「廣告公司」

Google是以網路上的「搜尋服務」起家。一開始，Google免費開放搜尋功能，所以沒有創造收益，其收益模式是在2000年10月於美國開展廣告服務「Google AdWords」（現更名為Google Ads）之後才成形。**直到現在，Google的主要營收仍是來自廣告事業。**

我們看一下Google（Alphabet）2019年的財報，全年營收是1,619億美元（4兆4,523億台幣）。其中，廣告事業的營收為1,348億美元（3兆7,070億台幣），**占了**

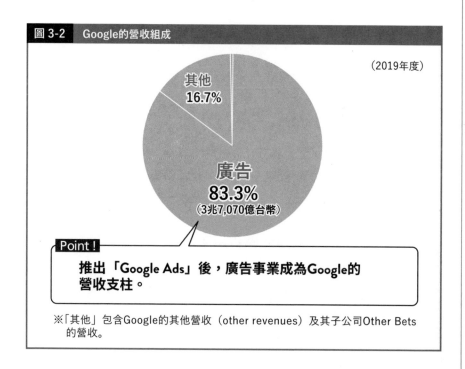

圖 3-2　Google的營收組成

（2019年度）

其他
16.7%

廣告
83.3%
（3兆7,070億台幣）

Point！
推出「Google Ads」後，廣告事業成為Google的營收支柱。

※「其他」包含Google的其他營收（other revenues）及其子公司Other Bets的營收。

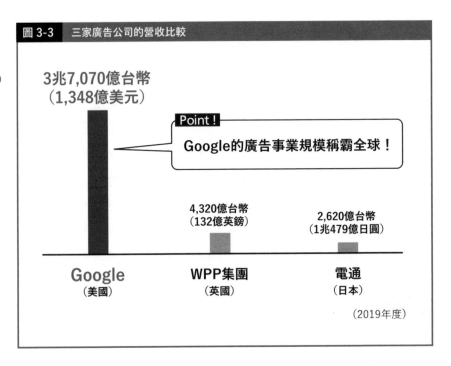

圖 3-3　三家廣告公司的營收比較

3兆7,070億台幣
（1,348億美元）

Point！
Google的廣告事業規模稱霸全球！

4,320億台幣
（132億英鎊）

2,620億台幣
（1兆479億日圓）

Google
（美國）

WPP集團
（英國）

電通
（日本）

（2019年度）

全部營收的83%。

　　做為對照，全球最大的廣告公司，英國WPP集團在2019年度的營收是132億英鎊（約4,320億台幣）。此外，日本最大的廣告公司電通，2019年度的營收是1兆479億日圓（約2,620億台幣）。

　　由此可知，Google的廣告事業規模可說是壓倒性的冠軍。那麼，為什麼Google的廣告事業能擴大到這種規模呢？要理解Google的基本商業模式，就必須先了解「搜尋服務」與「廣告事業」的關係。

🏛 劃時代的「PageRank」

Google的搜尋引擎是由創辦人賴利‧佩吉和謝爾蓋‧布林研發而成，但他們的研發從1996年才開始，那時早已有許多公司推出實用的搜尋引擎了。

當時的搜尋引擎，都是以「搜尋關鍵字出現次數越多，網站的排列名次越前面」的方式在運作。這麼一來，只要把人們可能搜尋的關鍵字盡量多放入網站，即使內容沒什麼關聯，也會出現在搜尋的前幾名。

因此，Google發想出不同做法，根據「常被其他網站轉貼的網頁，品質應該較好」的原則，讓搜尋結果的排列方式變成：被其他網站轉貼次數越多的網頁，越有可能出現在前幾名。

透過這個方式，搜尋服務的使用者就能快速找到優質的網站。這套由Google研發、將「轉貼次數」與「網頁品質」連在一起的技術，就稱為「PageRank」。

🏛 什麼是「民主化」的搜尋引擎？

其實，PageRank這項技術如實體現了Google的企業理念。Google成立數年後，制定了**「Google十大信條」**。其中一條就是**「網路上也講民主」**。

針對PageRank的運作方式，Google的解釋是：網頁

圖 3-4	Google十大信條
1	以使用者為先，一切水到渠成
2	專心將一件事做到盡善盡美
3	越快越好
4	網路上也講民主
5	資訊需求無所不在
6	賺錢不必為惡
7	資訊無涯
8	資訊需求無國界
9	認真不在穿著
10	精益求精

※摘自Google官網

上的連結即為「選票」，用來分析被其他網頁票選為「最佳資訊來源」的網頁。

也就是說，得到最多「票數」的網站就會出現在搜尋結果的前幾名，這是符合民主的表現。**「民主」理念一直是 Google 非常重要的價值觀。**

「Google 十大信條」也等於員工的行動方針，**「網路上也講民主」貫徹在 Google 旗下所有服務中，由此可知這是多麼重要的理念。**

🏛 商業模式的核心：Google Ads

Google憑藉PageRank的優秀功能，迅速獲得許多使用者，且也被雅虎的搜尋引擎採用，頓時讓Google的市占率躍居第一。

如前文所述，Google是透過**「Google Ads」**（以下簡稱Ads）開啟廣告事業。因為使用者增加，搜尋次數變多，廣告的點擊次數隨之增加，Ads的營收也快速擴大。

Ads的架構是讓使用者輸入想搜尋的關鍵字，接著在搜尋結果的頁面上就會出現和關鍵字有關的廣告。例如，輸入「電視」進行搜尋，就會出現視聽設備廠商的官網或家電量販店的購物網站連結。使用者只要點擊連結，就會連上該網站，同時Google便會得到刊登廣告的贊助商所支付的廣告費。

在當時的廣告業界，Ads創造的是一種劃時代的商業模式。以往，能做廣告的媒體都是電視台、電台和報章雜誌等大眾傳媒，企業如果要在這些主流媒體上打廣告，必須具備一定的業績或資金能力。

然而，隨著Ads的出現，就算是剛成立不久、缺乏資金能力的企業，也能在網路上投放讓許多使用者看到的廣告。這也可說是**「廣告的民主化」**。

對企業而言，用Ads打廣告無關乎公司規模，是非常

合理的手段。而且，在以往的傳統媒體上，並無法明確知道對自家商品有興趣的使用者是否有看到廣告。企業打廣告的判斷基準，是電視台的收視率或報章雜誌的發行量。只要收視率高或發行量多，就會有許多人看到，對商品有興趣的人應該也會不少。然而，這種想法其實只是「一廂情願」。

另一方面，透過 Ads 的服務，只要有人輸入與自家商品有關的關鍵字，就會看到廣告，在搜尋的時候，對商品產生興趣的可能性就會提高。

而且，**廣告主只有在用戶點擊廣告連結後，才需要支付廣告費給Google，這也確保了廣告效果是可預期的。**電視廣告或報章雜誌的平面廣告，如果沒有用戶看到，就無法發揮廣告效果，等於白花了一筆廣告費。

🏛 「個人化廣告」的進擊

其實，「以搜尋關鍵字顯示廣告，並獲取廣告費」的商業模式並非Google原創，而是早已由Goto.com（之後改名為Overture Services）開發出來。雖然Google曾被Goto.com指控侵害專利，但後來雙方達成和解。

2003年3月，Google推出了**「Google AdSense」**（以下簡稱AdSense）這項服務，能辨識網站內容，並自動發布最適合該網站的廣告。只要瀏覽網站的人點擊了

AdSense 發布的連結，廣告主就會支付廣告費給Google，Google再拿出一部分做為報酬，支付給網站的經營者。

我們將Ads稱為「關鍵字廣告」，相對的，AdSense則被稱為「個人化廣告」。**現在Google旗下的影音分享網站YouTube，採取的廣告收入商業模式正是Ad-Sense。**

🏛 搜尋結果最佳化和廣告最佳化

在廣告事業急速成長的過程中，Google也陸續在2004年4月推出Gmail、2005年4月推出Google Map等搜尋引擎之外的服務，更在2006年11月收購YouTube，納入Google旗下。

基本上，Google是免費提供這些服務，但每項服務都有廣告。對用戶顯示廣告，藉此提高收益，Google採取的正是這種商業模式（不過，YouTube也有付費會員制、無廣告的YouTube Premium）。

這些嶄新的服務讓Google的使用者人數瞬間暴增。服務的擴張並不只是提升營收的手段，雖然廣告收入確實隨之增加，但更重要的地方在於Google**也能取得使用者的各種資料。**

搜尋的關鍵字，等同於使用者有興趣的事物，只要追

溯過往的搜尋紀錄，就能掌握使用者的興趣傾向。此外，Google Map能知道使用者的所在地和語言等資料，而從YouTube觀看過的影片，就能知道使用者的娛樂喜好。累積了這些個人資料，便可顯示符合使用者興趣的搜尋結果或廣告。

因此，2005年Google開始依照每位使用者的資料，提供搜尋結果最佳化和廣告最佳化的功能，也就是**「個人化搜尋」**。

🏛 活用大數據與AI，發掘潛在需求

個人化搜尋所運用的資料，主要來自搜尋過的關鍵字、瀏覽過的網站、點擊過的連結，以及搜尋使用者的所在地等。Google使用者在全球的數量龐大，已達「大數據」的規模，**Google便運用AI，分析使用者的大數據，並不斷提升服務最佳化的精確度。**

我們在Google搜尋時，只要輸入關鍵字就會自動出現其他詞彙。例如輸入日本新年號「令和」，就會自動出現「令和　何時開始」或「令和　意思」等各種組合。為何會出現這種情況？這是因為搜尋過令和的人當中，很多都是搜尋「令和何時開始」或「令和的意思」。為了讓新的使用者順利搜尋，AI便會根據這些資料做判斷，並顯示搜尋組合。

也就是說，對於人們想知道的事，就算不知道該用什麼關鍵字，但只要輸入相關詞彙，就能連結到那些事物。

最佳化變得越來越精確，顯示的廣告也隨之改變，變成了**「使用者尚未察覺的潛在需求的廣告」**。以往若輸入「電視」搜尋，就會顯示視聽設備廠商或家電量販店的網站，但後來變得不只如此，還會顯示流行的遊戲軟體或串流媒體服務。

此外，在大數據的累積之下，漸漸出現擁有類似搜尋紀錄的使用者，Google 也會根據這些使用者的資料，顯示他們或許同樣會有興趣的廣告。**透過不斷的技術創新，Google 不只是在網路廣告業，更在全球廣告業界建立起壓倒性的地位。**

🏛 全球最強的AI技術

Google 的官網上刊登著明確的使命：**「我們的使命是匯整全球資料，以供大眾使用及帶來效益。」**從創業至今，對提供網路搜尋服務為主的 Google 來說，沒有比這個更適合的使命了。基於此，除了 Gmail 和 Google Map，也提供 Google News、Google Books、網路瀏覽器 Google Chrome 等多種服務。**匯整各種資訊，開放給使用者，這也可說是徹底實踐了「網路上也講民主」的**

圖 3-5	Google的主要技術創新史
1996 年	創辦人賴利・佩吉和謝爾蓋・布林開始研發搜尋引擎
2000 年	推出Google AdWords（現更名Google Ads）
2002 年	推出Google News
2003 年	推出Google AdSense
2004 年	推出Gmail
2005 年	推出Google Map
	推出Google Earth
	推出個人化搜尋
2006 年	收購YouTube
	推出Google翻譯
2007 年	推出Google街景服務
	發表手機作業系統Android
2008 年	開始銷售搭載Android系統的智慧型手機
2013 年	推出Google眼鏡

理念。

使用者能夠運用的資訊增加，接觸廣告的機會也隨之增加，有助於提升Google的營收，並做到了**「資訊匯整與開放使用」和廣告事業的並存。**

但對於這樣的企業態度，仍出現部分負面評價，像是：「雖然廣告事業做到全球頂尖，但創業已經超過二十年了，為何不建立廣告事業以外的收益支柱？」

當然，Google也意識到了這點。2016年4月，Google宣告將會重大改變經營方針，也就是「從行動優先轉向AI優先」，將過去以開發智慧型手機服務為主的行動優先方針，調整為首重AI的新策略。例如，將IT產品的「使用者介面」從過去的觸控面板操作或鍵盤輸入文字的方法，改成活用AI的語音辨識或影像辨識。

具體來說，**因Google的AI優先而誕生的商品，就是搭載了語音虛擬助理Google Assistant的智慧音箱Google Home等。**

我在個人化搜尋的段落也提到Google很早就開始開發與活用AI。他們擁有世界頂級的研究組織Google Brain，以優渥的待遇網羅全球的優秀研究者。2017年，Google向AI國際學會NIPS提交的論文數量，還超過了美國麻省理工學院，躍居該年首位。可以說，**在AI領域，Google也是GAFA當中的先驅。**

🏛 Google的「下一步」

今後能夠充分活用AI優勢的領域，莫過於**自駕車**，因為**AI正是自動駕駛不可或缺的技術**。

事實上，Google從2009年就開始推動自駕車的實際應用，隔年設立次世代科技開發專案「Google X」持續進行研究。後來，此研發專案由2016年設立的子公司「Waymo」接手，到2018年2月為止，在公路行駛過的測試距離據說已達八百萬公里，也成功達成了全球首次的自駕計程車商業化。

此外，自動駕駛若要成功，也少不了「地圖資訊」。自駕車必須運用5G即時更新立體地圖資訊，並由AI確保行駛的安全，因此Google Map及「街景服務」的資料就能提供莫大幫助。綜觀來看，Google絕對享有競爭優勢。

Google的目標是讓手機作業系統Android也成為自駕車的作業系統。Google已經在2014年和通用汽車（GM）、本田汽車（Honda）、奧迪（Audi）、現代汽車（Hyundai）等汽車大廠，攜手推動Android的車載作業系統化專案。

一旦Android成為自駕車的車載作業系統，將會帶來不計其數的好處。就像Microsoft成功將Windows變成電腦作業系統，成為電腦業的盟主一樣，Google可能

也會在龐大的自駕車市場掌握霸權。

2015年，Google大幅度改革組織，設立控股公司Alphabet，原本的Google則成為Alphabet的子公司。Alphabet的使命是**「讓身邊的世界變得更便利」，自駕車的應用事業，正符合這項使命。**

2019年12月，創辦人賴利・佩吉和謝爾蓋・布林宣布卸任Alphabet的執行長兼董事長，由時任Google執行長的桑達・皮采接任。桑達・皮采能否像Apple的提姆・庫克一樣，繼具有超凡魅力的經營者之後，帶領公司再度成長？自駕車的成敗將是關鍵。

蘋果

Apple

Apple 的戰略是以使用者經驗為中心，並持續創新。解讀其戰略，就能發現一個足以引發破壞性技術革新的另類產業。

解讀 Apple「戰略 4.0」的關鍵字

- ⊕ 平台
- ⊕ 商業生態系
- ⊕ 使用者經驗

創立＞1976 年
創辦人＞史蒂夫・賈伯斯（Steve Jobs）、史蒂夫・沃茲尼克（Steve Wozniak）、隆納・韋恩（Ronald Wayne）
現任執行長＞提姆・庫克（Tim Cook）
主要事業＞行動終端
2018 年 10 月～ 2019 年 9 月營收＞ 2,602 億美元（7 兆 1,555 億台幣）

🏛 服務事業成長，占了營收二成

在PART 1介紹的關鍵商業模式「平台」當中（頁25），我們曾以Apple為例說明：**iPhone透過App Store的下載服務，成功建立起平台型商業模式。**

2008年6月發售的iPhone 3G系列，是iPhone首次搭載App Store。距離2007年1月發售的第一代iPhone，相隔了約一年半。

不過，賺取龐大的利益需要花費一段時間。從2013年10月～2014年9月的營收比例來看，iPhone、iPad，以及Mac電腦系列等主力商品仍占近九成，Apple Store、iTunes Store數位音樂下載等服務事業僅約一成。

然而，近年已經成長至接近二成。在2018年10月～2019年9月，Apple的總營收是2,602億美元（7兆1,555億台幣），服務事業則是463億美元（1兆2,733億台幣）。也就是說，服務事業的占比已達17.8%。

此外，目前Apple的服務事業除了Apple Store和iTunes Store，還包括Apple產品的延長保固「Apple Care」，和行動支付「Apple Pay」等的營收。

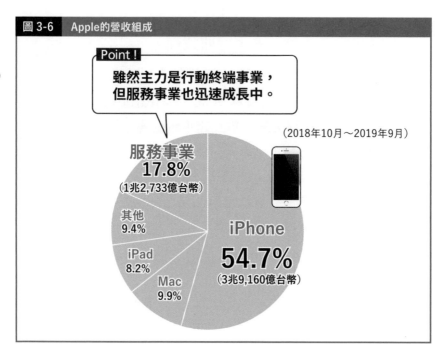

圖 3-6 　Apple的營收組成

Point！

雖然主力是行動終端事業，
但服務事業也迅速成長中。

（2018年10月～2019年9月）

服務事業
17.8%
（1兆2,733億台幣）

其他
9.4%

iPad
8.2%

Mac
9.9%

iPhone
54.7%
（3兆9,160億台幣）

🏛 利潤水準與Facebook並駕齊驅

聽到占營收的兩成左右，許多人或許會覺得「這樣還算少吧？」。不過，Apple的營收持續迅速成長，看了實際金額不免令人驚訝。Apple在2018年10月～2019年9月的營收是2,602億美元，換算成台幣是7兆1,555億。這樣的水準和日本國內最高營收企業Toyota的7兆5,564億台幣（2018年4月～2019年3月）不相上下。占Apple營收17.8%的服務事業營收是463億美元，換算

經營戰略4.0圖鑑

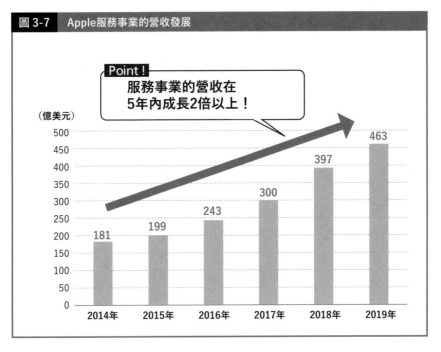

圖 3-7 Apple服務事業的營收發展

Point！
服務事業的營收在
5年內成長2倍以上！

（億美元）

181　199　243　300　397　463

2014年　2015年　2016年　2017年　2018年　2019年

成台幣是1兆2,733億元，超過了日本企業NTT Docomo的1兆2,102億台幣。

此外，GAFA之一的Facebook在2019年1月～12月的營收是707億美元（1兆9,443億台幣），我們可以說，Apple服務事業的營收約為Facebook營收的七成。

雖然iPhone等主力產品的銷售量已達極限，但服務事業持續順利擴大，**今後，服務事業想必會成為支撐Apple成長的主力**。美國股市也是持同樣看法，因此Apple股價持續上升。2018年8月，Apple的市值首次突

破1兆美元（27兆5,000億台幣），成為新聞話題。股價仍持續上升，2020年3月14日已超過1.2兆美元（33兆台幣），這真是驚人的數字。

🏛 「銷售淨利率」超過20％！

Apple的「實力」不光是營收，**其驚人之處也表現在收益力。**

來看看Apple的營業利益吧。簡單來說，「營業利益」這個數字就代表企業本業的「盈餘」。營業利益的計算方式是先算出「毛利」。毛利就是營收扣除製造產品時的「銷貨成本」；而銷貨成本包含原物料費或工廠等設備費用、製造產品時的人事費用等。

接著，再扣除銷售產品時的「銷售費用」以及管理公司所有業務的「管理費用」（這兩項費用統稱為「管銷費用」），最後得到的數字就是營業利益。

不過，光看營業利益的數字是無法計算收益力的，我們還要計算「銷售淨利率」。**銷售淨利率是營收之中營業利益所占的比例（％），數字越高代表企業的收益力越高。**

那麼，就來檢視Apple的財報。

如前文所述，2019年Apple的年度營收是2,602億美元，毛利是984億美元，營業利益是639億美元。因此，

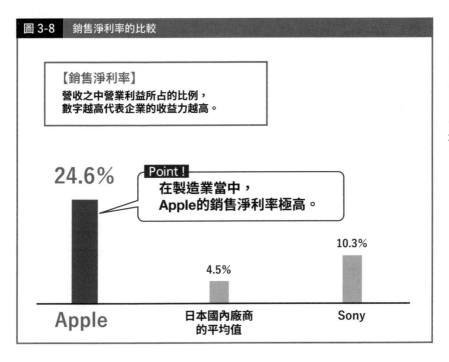

圖 3-8　銷售淨利率的比較

【銷售淨利率】
營收之中營業利益所占的比例，
數字越高代表企業的收益力越高。

24.6%

Point！
在製造業當中，
Apple的銷售淨利率極高。

10.3%

4.5%

Apple

日本國內廠商
的平均值

Sony

銷售淨利率是639億÷2,602億＝24.6%（四捨五入至小數點第一位，以下皆同）。

🏛 Apple驚人的收益力

這個數字究竟是高或低呢？事實上，這是個無敵高的數字。

根據日本財務省發表的「法人企業統計調查」（2018年度），日本國內製造業的平均銷售淨利率為4.6%。

在製造業當中，跟Apple事業內容最接近的是「資訊通訊裝置」，這一類別的日本廠商平均銷售淨利率為4.5%。

若比較個別企業，足見數字之高。例如，Toyota在2018年4月～2019年3月的營收是7兆5,564億台幣，營業利益是6,169億元，銷售淨利率為8.2%；至於Sony的同年營收是2兆1,664億台幣，營業利益是2,236億元，銷售淨利率為10.3%。

Toyota和Sony在日本國內製造業的收益力都相當突出，但仍只有不到Apple一半的水準。雖然營收規模小的廠商當中偶爾會有數值比較高的，但以Apple如此龐大營收的企業而言，銷售淨利率超過20%是很驚人的數字。

在iPhone銷售亮眼的2015年，光是iPhone就占了全球手機市場全部利益約90%。儘管後來其他競爭對手也陸續推出智慧型手機，但有一段時間Apple在智慧型手機市場的營業利益仍獨占將近九成。

高收益體質的「祕密」是什麼？

那麼，Apple的高收益祕密究竟為何？說穿了其實就是：**「垂直整合」的商業模式**。

垂直整合是一種與製造業事業結構相關的經營方法，

即廠商生產產品時，自行負責必要過程。具體來說，從研究開發，到產品的企劃、設計、試作，以至量產，這一連串過程都是自行進行，或由集團企業進行的商業模式。

Apple的垂直整合並非只是自行製造iPhone，而是所有生產過程都在自家企業管理下進行。

垂直整合模式的對比是「水平分工」模式，指的是積極將生產過程中的各階段作業發包給外部企業。

🏛 垂直整合的缺點在於過大投資

垂直整合模式的優點是能大幅刪減各生產過程中產生的中間成本。因為與其他公司的買賣增加，各種費用就會增加。此外，這種模式可以建立穩定的生產體制，不受其他公司動向影響，而且還能達成生產過程的整體管理，更容易維持產品的品質。

至於缺點，就是自行負責生產所需的工廠、設備、人員時，勢必得花一筆費用，尤其是初始費用會很高。當這種固定成本的負擔提高，產品要創造利益就必須花上一段時間。

對比於垂直整合的水平分工模式，是將生產過程中的各階段作業發包給外部企業。

水平分工模式的優點和缺點，與垂直整合正好相反。

水平分工的最大優點是能夠縮減固定成本。這類模式通常會自行負責產品的企劃或開發，並把生產委託給外部的工廠或設備，所以能減少初始費用。只要將生產委託給大量製造所需材料或零件的企業，就能比自行生產來得更省錢。水平分工的缺點則是無法保持穩定的產品供給，或不易維持產品的品質等。

🏛 目前「水平分工」占有優勢

那麼，對廠商來說，垂直整合和水平分工哪一個比較好呢？

這也是老調重彈的主題，因為孰優孰劣會隨著產業結構的時代背景而改變。以日本為例，過去多數的電機廠商都是垂直整合，以高度的技術力為武器，認為「製造優良的產品就會暢銷」，並且為了維持、提升品質，積極投資工廠設備。事實上，大眾認知的「Made in Japan」就等於高品質的保證，因此產品大多會在全球熱賣。

然而，電腦及數位家電改變了這股風向。因為在電腦及數位家電的領域，技術創新的速度很快，新產品一下子就會變得普及，這種情形十分常見。因此，必須實行過大投資的垂直整合模式就逐漸處於劣勢。

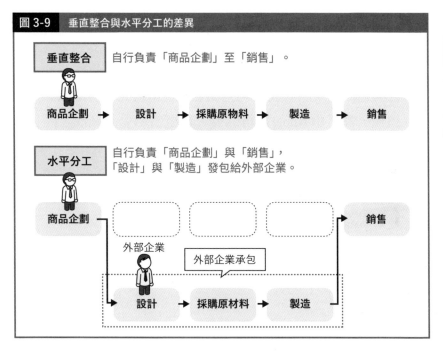

圖 3-9　垂直整合與水平分工的差異

垂直整合　自行負責「商品企劃」至「銷售」。

商品企劃 → 設計 → 採購原物料 → 製造 → 銷售

水平分工　自行負責「商品企劃」與「銷售」，
「設計」與「製造」發包給外部企業。

商品企劃　　　　　　　　　　　　　　　　　銷售

外部企業　　外部企業承包

設計 → 採購原材料 → 製造

🏛 Apple的研發費用「高得異常」

　　iPhone在全球暢銷時，人們認為Apple是成功的水平分工企業，而不是垂直整合、自行生產。2007年發售的iPhone，採用的作業系統iOS與部分軟體是由Apple自行開發沒錯，但其他零件是從外部採購，組裝也是委託給外部工廠。

　　不過，若仔細檢視Apple的生產過程，就會發現是一種**完美結合了垂直整合與水平分工的嶄新模式**。雖然在

iPhone的生產過程中，零件採購或產品組裝是委託給外部公司，但 Apple 仍嚴格控管產品。

Apple 的控管相當徹底，並不只是檢查品質而已。零件製造或組裝時必要的切割加工機、雷射光束加工機等機械，都是由 Apple 自行開發，再租借給委託廠商，因此每年都要花費巨額的研究開發費。2018年10月～2019年9月，Apple 的研發費用是162億美元（4,455億台幣），這個數字大幅超越了 Sony 的1,250億台幣，以及 Toyota 的2,750億台幣。

除了軟體，Apple 在加工機械等硬體設備也積極投入研發，所以才會產生如此龐大的金額。

🏛 跑在世界最前端的垂直整合企業

由上述可知，Apple 並非單純採取水平分工，反而應該說 **Apple 是最進步的垂直整合企業**。

自行開發作業系統及設計產品，並出借生產所需的設備給外部企業委託製造，銷售則是在自家的 Apple Store 執行。而且，智慧型手機的核心部件CPU（中央處理器）也是自行開發（這是iPhone操作穩定的最大因素）。

日本的電腦製造商，製造的產品是以 Microsoft 開發的作業系統為基礎，再由家電量販店銷售。這樣一比，垂直整合的程度差異一目瞭然。

🏛 行銷與使用者經驗

Apple透過如此徹底的垂直整合，實現的並不只是高度的收益力。**Apple也成功提供了競爭對手無法仿效的超高水準「使用者經驗」（User Experience）。**

使用者經驗是指**「使用產品或服務得到的體驗」**，在企業的行銷戰略當中，是非常重要的元素。

前文也有提到，在成熟的消費社會中，只靠產品或服務「良好」已經不能讓使用者覺得「有價值」。要讓使用者覺得有價值，就必須透過使用產品或服務後得到的「有趣」、「舒適」等正面體驗。這是行銷非常重視的理念。

🏛 Apple始終以使用者經驗為中心

Apple可說是持續以使用者經驗為中心的企業。第一個將「滑鼠」用在電腦的，就是Apple，這在當時是非常創新的操作方式。第一代iMac也是以「電腦新手也能輕鬆上手，憑直覺操作」為賣點，實際上，這項產品也是多數使用者「第一次購買的電腦」。

「簡單易懂」、「方便使用」成為所有使用者經驗的基本元素。

此外，可攜式數位多媒體播放器「iPod」，搭載了一指就能操作的「滾輪按鈕」，大幅提升易用性，並且免費提供音樂管理軟體「iTunes」。Apple 也透過 iTunes 開啟了音樂檔案的下載服務。

以前，聽音樂時必須先在播放裝置儲存音樂檔案，但只要使用 iTunes，就可以直接下載音樂檔案。也就是說，實現了「想聽音樂時，就能購買想聽的歌曲立即聽」的生活方式。多數使用者都迷上了這種嶄新的生活方式。

一開始，iPhone 被稱為具備「iPod」、「手機」、「可收發郵件的行動終端」這三項功能的「智慧型手機」。後來有了 App Store，全球的 App 開發者紛紛加入，讓 iPhone 的功能暴增，使用者對 iPhone 的可能性擴大也感到興奮、期待。Apple 無疑實現了完美的使用者經驗。

Apple 始終以提升使用者經驗為目標，這番態度也延續到暢銷的智慧型手錶「Apple Watch」，以及藍芽無線耳機「Air Pods」。

🏛 垂直整合模式的必然

智慧型手機、電腦、平板電腦等大部分 Apple 產品，跟競爭對手比起來都屬於高價位。**儘管競爭對手的產品採取低價策略，但只要 Apple 每次改版、推出新產品都會在全球熱賣，這正是產品的品牌效應。**

　　價格設定偏高的品牌也稱為「優質品牌」或「頂級品牌」，像 Apple 所創造出來的優質品牌，也比較適合易於品質管理的垂直整合模式。

　　不同於 GAFA 的其他企業，Apple 沒有明確的使命或願景。不過，Apple 有著穩固的企業形象，成功建立起自家產品的品牌。**企業的品牌管理上，最重要的就是「經營者或創業者這類個人發表的訊息」**，也就是「個人品牌塑造」。**經營者的堅持或執念，滲透公司整體，連結至產品或服務，就能建立起強大的品牌。**

　　在這一點，Apple 已故創辦人史蒂夫‧賈伯斯扮演了無人可比擬的重要角色。1997 年的 Apple 廣告「Think different」（不同凡想），就是令人印象深刻的訊息。這句話的意思是「以不同的觀點思考」，賈伯斯透過 Apple 產品，表達「想要支持使用者擁有獨自觀點，活出自我」的想法。

　　後來，Apple 也陸續在廣告中提出「Your Verse Anthem」（你的讚美詩）、「重新定義」、「發起革命」等訊息。這些廣告建立起 Apple 的企業形象，有助於產品的品牌化。

　　Apple 的產品也憑藉設計魅力，擄獲許多使用者。據說賈伯斯對設計的堅持近乎「偏執」。就連外觀完全看不到的內建電路板晶片，也要求必須排列整齊。

　　對堅持將先進功能濃縮在優美設計的賈伯斯來說，有

效融合水平分工的垂直整合新模式，與其說是戰略的選擇，也許該說是從公司的堅持所誕生的必然「創發性」吧。

🏛 Apple的「下一步」

接任賈伯斯之位、現任執行長提姆·庫克的經營魅力雖不及賈伯斯，但「經營手腕」可說已超越前者。他讓Apple的業績和股價大幅成長，維持住世界第一企業的寶座。

不過，庫克並未發起以往「破壞既有商務」的改革（＝技術革新）。於是，民間紛紛出現「Apple已經失去了創新性」的看法，但我並不認同。

我預估Apple接下來會在**「醫療衛生（healthcare）產業的領域，發動破壞性的改革」**。

2015年，Apple推出智慧型手錶「Apple Watch」，2018年的第四代「Apple Watch Series 4」開始搭載「電子心率感測器」，可以透過「心電圖」App測量使用者的心電圖。因此，只要將Apple Watch連上iPhone，手機裡的「健康」App就會顯示心跳數和心率變化，每當測出異常數值，便能即時發送訊息。

Apple Watch提升了醫療衛生功能，甚至進化成可稱作「醫療器材」的等級，現已獲得美國食品藥物管理局

（FDA）認證為限定醫療器材。

透過iPhone或Apple Watch的健康App，Apple可以蒐集廣大用戶的運動或健康資訊，而到了第四代Apple Watch Series 4，更可以儲存有助於實際醫療應用的資料。所以，**「iPhone和Apple Watch極有可能成為醫療衛生市場的新平台」**。

除了心電圖功能，據說Apple Watch今後計畫搭載血壓和血糖值的測量功能。只要持續儲存使用者的資料，之後就能活用這些資料，對各類企業銷售醫療衛生的家電與醫療器材。

如果iPhone和Apple Watch成為平台，在醫療衛生、醫療領域形成了新的商業生態系，那麼街上出現名為「Apple Clinic」的醫療院所也是指日可待。這個市場規模如此巨大，食品等相關領域都包含在內，極為廣泛。隨著這個商業生態系的成長，Apple的發展將會更上一層樓。

使用者經驗
User Experience

不只是GAFA或BATH，如今對所有企業來說，提升「使用者經驗」都是必須盡快進行的課題。

使用者經驗指的是用戶使用產品或服務而獲得的經驗、體驗（experience），相似的詞彙還有「易用性」（usability）。前文提過，使用者經驗的涵義較廣泛，除了「易用性」，也包含「舒適」或「有趣」等感情方面的元素。

光是將各種產品和服務賦予高功能、高性能，已無法和競爭對手產生差異，只靠良好的「易用性」亦缺乏致勝關鍵。能為使用者提供「舒適」、「有趣」或「感動」，才是差異化的重點。

然而，知易行難。隨著科技進步，人們也越來越期望產品和服務擁有更好的使用者經驗。以「地球上最以顧客為中心的公司」為使命和願景的Amazon，就是持續以使用者經驗為中心的代表性企業之一。

當年Amazon一登陸日本，就提供了最快當日配送的服務，大眾為之驚豔。只要支付年費，不限訂購次數，都能做到最快當日配送，這樣的劃時代運作頓時滲透日本社會，

甚至有人說「改變了日本人的生活型態」。不過，這項劃時代的服務普及之後，當日配送就失去了驚喜感，不知不覺變得「理所當然」。這也是「使用者＝消費者」的可怕之處。

Amazon執行長貝佐斯總是說「消費者有三個重要的需求」，那就是「低價」、「種類豐富的最佳產品」、「快速免費送貨」。而且，他深知無論Amazon提供多麼充實的服務，消費者都不會就此滿足，心裡仍會有「還要更便宜、增加更多商品種類，配送不必那麼快也沒關係」的想法。然而人類一旦感受過便利，就會產生以往從未有過的不便感。

貝佐斯也常說：「消費者絕不會滿足，所以我總是堅持讓商品或服務變得更好。」面對敏銳的消費者需求及期待，他表達出Amazon必定先行回應的強烈意志。Amazon對物流網的執著，以及付費會員服務「Amazon Prime」提供多到用不完的影片、音樂、電子書等內容，都具體實現了貝佐斯的想法。

臉書

Facebook

Facebook 在社群網路服務呈現「獨贏」狀態，僅靠廣告營收就成長壯大，現在還參與了虛擬貨幣事業。我們將從戰略轉換的背景，解讀 Facebook 的戰略 4.0。

解讀 Facebook「戰略 4.0」的關鍵字

- 🔒 平台
- 🔒 經濟圈
- 🔒 虛擬貨幣

創立 ＞ 2004 年

創辦人 ＞ 馬克・祖克柏（Mark Zuckerberg）、愛德華多・薩維林（Eduardo Saverin）

現任執行長 ＞ 馬克・祖克柏

主要事業 ＞ 網路廣告

2019 年營收 ＞ 707 億美元（1 兆 9,443 億台幣）

🏛 全世界每三人當中，就有一人是臉書用戶

Facebook是**全球最大的社群網路服務（SNS）公司**（2021年11月更名為Meta，下不再述），再加上旗下經營的其他社群網路服務（如Instagram、WhatsApp等），使其在通訊App領域建立起獨占地位。

我們一般將「活躍用戶」（active users）人數視為「社群網路服務規模」的基準，是指在一定的期間內，使用該社群網路服務一次以上的用戶。根據德國數據統計公司Statista公布的2020年1月資料，全球社群網路服務公司的每月活躍用戶人數排名第一的就是Facebook，人數為24億4,900萬人。聯合國公布的2019年全球總人口是77億人，這表示到2020年1月為止，全球每三人左右就有一人使用Facebook。

全球社群每月活躍用戶人數的第三名是「WhatsApp」（16億人），第四名是「Messenger」（13億人）、第六名是「Instagram」（10億人），這些都是Facebook的旗下事業。至於騰訊經營的「WeChat」（11億5,100萬人），則擠入第五名。

此外，這個排名是以廣義的「社群網路」為對象，因此Google（Alphabet）經營的YouTube名列第二。

YouTube的優勢在於「影片分享」，這和著重於用戶之間交流互動的社群網路服務，在服務性質上有些許不

同。若考慮這一點的話，可以說**在社群網路業界，Facebook幾乎是「獨贏」的狀態。**

　　順帶一提，第13名的「推特」（Twitter）的每月活躍用戶人數是3億4,000萬人，而日本國內最大的社群Line並未進入排名（2019年10～12月期間，Line的每月活躍用戶人數為1億6,400萬人）。

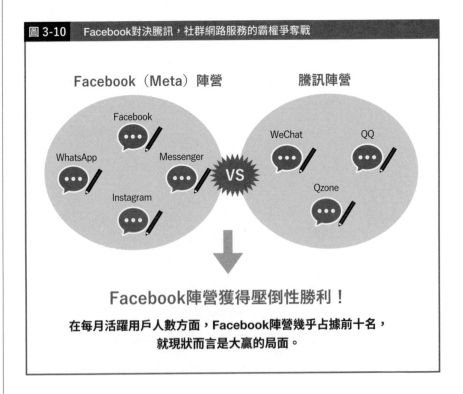

圖 3-10　Facebook對決騰訊，社群網路服務的霸權爭奪戰

Facebook（Meta）陣營　　騰訊陣營

Facebook

WhatsApp　　Messenger

Instagram

VS

WeChat　　QQ

Qzone

Facebook陣營獲得壓倒性勝利！

在每月活躍用戶人數方面，Facebook陣營幾乎占據前十名，就現狀而言是大贏的局面。

🏛 用戶人數至今仍然每月持續增加

Facebook的原型，是創辦人馬克·祖克柏在2004年就讀大學期間設立的校內交流網站「TheFacebook」，2006年開放給校外人士後迅速普及，成長為全球最大的社群網路服務公司，2012年9月股票上市。

2012年10月，Facebook的用戶人數突破10億，值得一提的是，**用戶人數的增加趨勢幾乎是全球性的**。2019年10月，Facebook發表的財報顯示每月活躍用戶人數為24億4,900萬人，由此可知，在突破10億人的7年內，用戶又增加了14億4,900萬人，等於**每月平均增加1,725萬人**。若從2017年10月往前回溯兩年，則是每月增加1,570萬人。

儘管這段期間發生了用戶個資外洩、向企業提供用戶資訊等網路安全或隱私保護方面的諸多問題，但光從數字看來，對用戶人數幾乎沒有造成負面影響。

這也強力證明了，對用戶而言，Facebook是相當優秀且受到大力支持的社群網路服務。

🏛 大部分的營收來自廣告

Facebook的收益結構可說是一目瞭然。2019年的年度營收是707億美元（1兆9,443億台幣），其中廣告事

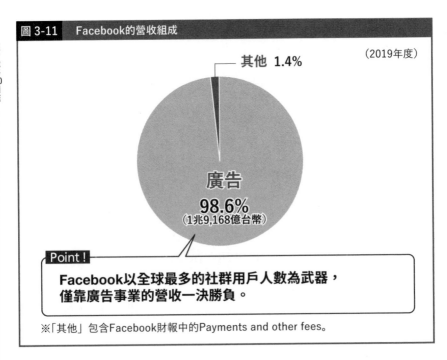

圖 3-11　Facebook的營收組成

（2019年度）

其他 1.4%

廣告
98.6%
（1兆9,168億台幣）

Point！
**Facebook以全球最多的社群用戶人數為武器，
僅靠廣告事業的營收一決勝負。**

※「其他」包含Facebook財報中的Payments and other fees。

業的營收為697億美元（1兆9,168億台幣），**營收的
98.6%來自廣告**。此外，營業利益是240億美元（6,600
億台幣），銷售淨利率高達34%，**以網路企業來說是極
為出色的高水準。**

　　Facebook的市值在2020年3月14日為4,097億美元（11
兆2,668億台幣），在美國股市排名第七。從營收和營
業利益的水準來看，Facebook在股市可說是高評價的特
例，理由就在於**高淨利率＝高收益體質**。

🏛 精準鎖定「廣告對象」

Facebook的廣告優勢在於，廣告主能夠精確鎖定用戶。用廣告業的說法，就是**「目標市場的高精密度」**。

廣告主可以針對想要打廣告的用戶屬性，指定性別、年齡、學歷、工作場所、語言、興趣、交友狀況等，於是就能鎖定用戶，例如針對「準備過結婚紀念日的人」或「生日快到的人」下特定廣告。這對廣告主而言相當有吸引力。

我們在介紹Google時提過，活用「關鍵字廣告」的Google Ads是透過AI來分析搜尋關鍵字的大數據，藉此提高目標市場的精密度，但**Facebook廣告採用的方式與Google截然不同**。

由於每位用戶加入Facebook時，都必須輸入性別、年齡、學歷等個資，因此在關於個人屬性的資料量方面，Facebook享有壓倒性的優勢。而且，用戶每天都會在Facebook上發表自己的生活點滴，於是還可以同時儲存並更新屬性資訊。

此外，使用即時通訊軟體Messenger的人，與其他用戶的對話紀錄或電話的通話紀錄，也會被儲存下來，變成資料。**因此，Facebook擁有超過20億人的個資。**

Facebook的商業模式，簡而言之就是**「提供人與人連結的平台，吸引許許多多人使用，並蒐集他們的資料，提供最佳化的廣告，以此獲利」**。

圖 3-12 Facebook對決Google，廣告的目標市場有什麼差異

  Facebook **VS** Google

Facebook、Google 都透過AI來分析「用戶的大數據」，
提高廣告目標市場的精密度。

Facebook、Google 分析的大數據內容不同。

Facebook 分析的大數據	Google 分析的大數據

- Facebook用戶輸入的性別、年齡、學歷等屬性資料。
- 用戶在「動態時報」（timeline）發表的貼文。
- 即時通訊軟體Messenger的對話紀錄或電話通話紀錄。

將用戶輸入的搜尋關鍵字資料化。

能夠分析超過20億人的用戶個資，
並選定目標市場，是Facebook最大的優勢。

🏛 從「開放」變成「封閉」

Facebook原本的使命是「讓世界更開放，連結更緊密」，但在2017年變成了「賦予人們建置社群的能力，並讓全球更緊密」。對於使命的變更，祖克柏這麼說道：「為了讓以往的使命進化，不能只靠連結，更要致力於實現讓人與人更貼近彼此的世界。」

至於「讓人與人更貼近彼此」的具體對策，就是強化「Facebook社團」的功能。Facebook的社團是一種交流工具，讓用戶以興趣或商務等共同主題聚集在一起，吸引人們共享資訊。

社團分為三種：任何人都能看到成員發文的「公開社團」、只有成員才能看到發文的「不公開社團」，以及無法搜尋到的「私密社團」。社團可依成員或依主題分類，如此一來，人們就能在Facebook上建立緊密的群體。

另外，Facebook也正在評估「訊息加密化」，或不長期保留私訊內容、導入可刪除紀錄的功能等。

🏛 Facebook面臨強大的「逆風」

針對上述政策，祖克柏說：「多數用戶偏好小集團內

171

的交流或一對一的交流，Facebook積極開發能配合這種嗜好變化的產品。」

Facebook一直都是開放式社群平台最具代表性的存在，之所以做出徹底改變的決策，正是因為面臨了強大的「逆風」。

Facebook的個資和安全管理長久以來不斷受到質疑，但該公司始終採取敷衍的回應，因而飽受批評。2018年，**發生了約8,700萬份個資外洩的重大事件，使得Facebook遭受社會的強烈批判。**

尤其在美國，簡直是「逆風強襲」的狀況。2019年7月，美國聯邦貿易委員會以侵犯隱私權為由，對Facebook裁罰50億美元，創下侵犯隱私權的最高罰金紀錄，同時，也要求Facebook改革資訊管理及安全防護體制。

這樣的處置，想必對今後Facebook的商業模式蒙上一層陰影。

🏛 Facebook的「下一步」

2019年6月，Facebook宣布要展開**發行自有虛擬貨幣「Libra」（現更名Diem）**的龐大新事業。

Facebook成立了處理虛擬貨幣的新公司「Calibra」（現更名Novi），以及監督虛擬貨幣的獨立組織「Libra協會」（現更名Diem協會）。萬事達卡、Visa、Uber、 eBay、PayPal等28家公司都加入了該協會。**Libra的目標不只是Facebook上的支付，而是計畫要提供全球性的金融服務。**

據說目前全球約17億人沒有銀行戶頭，而當中10億人都有智慧型手機，Facebook的推想是，可以讓那些用戶使用Diem匯款、付款。

雖然必須因此調整商業模式，但Facebook打算將Diem當作廣告之外的獲利事業及新經濟增長點的企圖心顯而易見。

不過，服務內容尚有許多不確定的地方，原本已加入的萬事達卡和Visa等主力成員也陸續退出。而且針對Diem的構想，除了美國金融業監管局和政府議會，世界各大國的金融業監管局也紛紛提出質疑，認為會對金融系統造成負面影響，或是有洗錢疑慮，因此前途仍難以預測。

經營戰略4.0圖鑑

亞馬遜

Amazon

融合了線上與線下，成功創建獨立經濟圈的 Amazon，可說是「戰略4.0」的象徵性企業。其背後靠的便是創辦人傑夫‧貝佐斯一貫的戰略。

解讀 Amazon「戰略4.0」的關鍵字

🔓 經濟圈
🔓 顧客體驗

創立 ＞ 1994 年
創辦人 ＞ 傑夫‧貝佐斯（Jeff Bezos）
現任執行長 ＞ 傑夫‧貝佐斯
主要事業 ＞ 電子商務
2019 年營收 ＞ 2,805 億美元（7 兆 7,138 億台幣）

🏛 事業多角化大獲成功

Amazon 以「網路書店」起家，早早就將電子商務平台化，並轉型成為在網路販賣家電、生活雜貨等多元商品的「萬能商店」。

如前文所述，在轉型過程中，Amazon「破壞」了既有的零售業界，讓 Amazon 經濟圈擴大至美國、德國、英國、日本等大國，可說是**「戰略4.0」的象徵性企業**。

Amazon 在 2019 年的整體營收是 2,805 億美元（7兆7,138 億台幣），其中**網路商店的營收為1,412億美元（3兆8,830億台幣），占50.4%**。雖然現在 Amazon 的主力事業仍是網路商店，但之前推行的新事業也順利發展，對收益的擴大貢獻良多。

排在網路商店之後，營收占比較高的是由 Amazon 以外的賣家自行販售的「電商市集」，營收為 538 億美元（1兆4,795 億台幣），占整體的 19.2%。再來，就是 PART 1 介紹過的「Amazon 網路服務」（AWS），營收為 350 億美元（9,625 億台幣），占 12.5%。2017 年收購的「全食超市」（Whole Foods Market）等「實體商店」的營收為 172 億美元（4,730 億台幣），占比為 6.1%。「Amazon Prime」等「訂閱服務」則是 192 億美元（5,280 億台幣），占 6.8%。

儘管 Amazon 的營收仍有五成是來自起家事業的網路

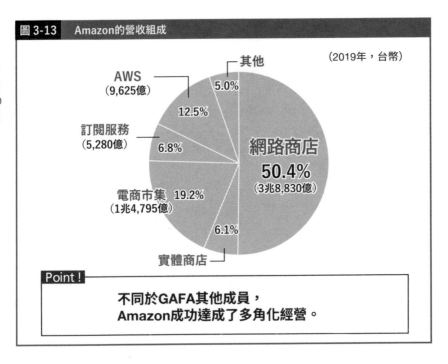

圖 3-13 Amazon的營收組成

(2019年，台幣)

其他 5.0%

AWS (9,625億) 12.5%

訂閱服務 (5,280億) 6.8%

網路商店 50.4% (3兆8,830億)

電商市集 19.2% (1兆4,795億)

實體商店 6.1%

Point！

不同於GAFA其他成員，
Amazon成功達成了多角化經營。

商店，但之後開展的新事業營收也占了約五成，使得 Amazon **有別於 GAFA 其他成員，成功達成「多角化」經營。**

創業前就很重視「顧客體驗」

有件事正好可以說明 Amazon 的商業模式，那就是創辦人、現任執行長傑夫・貝佐斯畫的圖。據說貝佐斯創立 Amazon 之前，和夥伴在家庭餐廳開會時，在餐巾紙上畫了一張圖。圖中的意思如右頁所示，他用箭頭畫出兩種路線。

圖 3-14　Amazon的商業模式

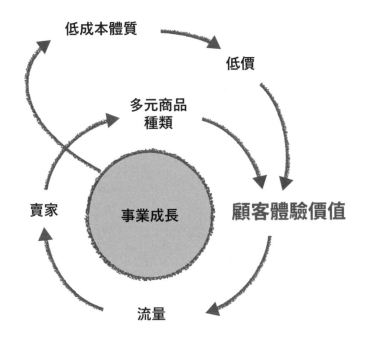

（路線1）　「多元商品種類→**顧客體驗價值**→流量→賣家」

（路線2）　「**事業成長**→低成本體質→低價→ **顧客體驗價值** 」

Point!

2種路線都會經過「顧客體驗價值」，這表示貝佐斯確信：
「只要提高顧客體驗，事業就會有所成長。」

我先說明**「多元商品種類→顧客體驗價值→流量→賣家」**這條路線：商品種類增加，顧客的選擇權就會增加；選擇權越多，顧客滿意度（＝體驗價值）就會提高，進而吸引更多顧客（＝流量增加），賣家也就隨之增加，最終就能形成這樣的循環。也就是，賣家增加，商品種類就會變多，這個循環得以維持。

另一條路線是**「事業成長→低成本體質→低價→顧客體驗價值」**：為了讓事業成長，必須具備低成本體質，於是就能實現商品和服務的低價化，提高顧客滿意度。

這兩種路線之中，有兩個箭頭指向「顧客體驗價值」，這表示**貝佐斯認為：「要提高顧客體驗價值，需要的正是多元商品種類與低價。」**同時也表示他確信：**只要提高顧客體驗，事業就會有所成長。**

🏛 活用電商優勢，建立商業模式

Amazon 是在網路商用化剛起步的 1995 年推出服務，當時正值「IT革命」，許多企業都參與了電子商務事業。然而，大部分參與的企業，包含大企業在內，都只是將電子商務當作既有實體商店的輔助角色，還出現「購物時不看實際商品的消費者很少」、「逐一處理退貨無法獲利」之類的爭論。於是，參與電商不久便退出的企業不在少數。

那時貝佐斯的想法是，對今後的零售業而言，「提高顧客體驗」比什麼都重要，所以「多元商品種類」和「低價」是必要條件。而正是能夠實行低成本結構的電子商務，能帶來令顧客驚喜的「多元商品種類」和「低價」。

因此，以網路書店起家的 Amazon，將銷售品項擴大至生活雜貨及家電等其他商品，並且讓 Amazon 以外的賣家能在電商市集販賣商品。**轉型為「萬能商店」，早就是貝佐斯創業前的預想。**

如今看來，「在消費成熟的社會，顧客體驗至關重要，而為了提升顧客體驗，多元商品種類和低價是必要條件」，這句話說穿了並沒有超出常識。然而，貝佐斯早在二十多年前便已確信此事，可謂「先見之明」。

🏛 「成本領導戰略」與「差異化戰略」並行

我試著用經營學的角度，分析貝佐斯畫在餐巾紙上的圖。在 PART 2「經營戰略的三個構造」中（頁 81），我說明過美國經營學者麥可・波特的競爭戰略，指的是企業面對競爭對手時，可藉以維持競爭優勢的三種總體戰略：成本領導戰略、差異化戰略，與集中化戰略。

以 Amazon 來說，**透過電子商務的平台化建立低成本體質，顯然是採取了「成本領導戰略」。**在業界實行成本領導戰略的企業，可能是選擇「提供比其他企業更低

價的商品或服務」，或是「訂定與其他企業同樣的價格，以擴大收益」，而 Amazon 選擇的是**「持續提供低價商品和服務」**的戰略。

即使 Amazon 獲得巨額利益，仍持續以低價回饋顧客，並投入資金，整頓「當日送達」的物流系統。此外，針對「Amazon Prime」的付費會員，則是免費提供音樂和影片等內容，看得出來**Amazon 時時留意提升顧客體驗這件事**。

這些提升顧客體驗的各種政策，便成為面對競爭的「差異化戰略」。也就是說，**Amazon 是少數成功讓「成本領導戰略」與「差異化戰略」並行的企業，這正是其優勢**。

然而，讓「成本領導戰略」與「差異化戰略」成功並行的難度頗高，Amazon 之所以做得到，是因為**犧牲了利益**。

🏛 Amazon 的「下一步」

我在 PART 2 提到，行銷之神科特勒主張：現代需要的行銷是「行銷3.0」。在這個時代，消費者不再只是「消費的人」，他們會主動在社群網路傳播商品或服務資訊，找出商品或服務的價值，因此，消費者和企業合作創造價值的行銷，便成為必要。這種「價值導向的行銷」，稱為行銷3.0。

圖 3-15	Amazon的戰略

麥可・波特的競爭戰略

成本領導戰略	差異化戰略	集中化戰略

其他企業無法輕易模仿
這項優勢。

**Amazon是
「成本領導戰略」與「差異化戰略」並行**

**Amazon的
「成本領導戰略」是什麼？**

不計利益、維持低價的服務；投入資金，整頓物流系統；
針對付費會員，提供免費娛樂內容。

因此成為Amazon的「差異化戰略」

透過成本領導戰略，提升顧客體驗，
成為Amazon的「差異化戰略」。

只要成為
「地球上最以顧客為中心的公司」，
事業必定有所成長！

傑夫・貝佐斯

其實，科特勒已提出**「行銷4.0」**的概念。他在《行銷4.0》（天下雜誌出版）中明確提到：「新型態的顧客特性，顯然是行銷的未來遍及顧客旅程，無縫融合線上及線下體驗」。

這番言論頗為抽象，簡單說就是，**行銷4.0即「無縫融合線上與線下體驗的時代中，必要的行銷」**。

「顧客旅程」（customer journey）是指從顧客產生商品或服務的相關需求，到最後購買或使用的過程。也就是從覺得「想要！」到實際購買的流程，用稍微誇大的說法稱為「旅程」。的確，比起過去，顧客何時想要什麼、如何購買的過程，都變得更多元。有些人習慣到實體商店挑選、購買實際商品，有些人則是透過手機獲得資訊再購買。有鑑於購買行為多元化的情況，科特勒才提出「旅程」這個稱呼。

科特勒預言，**今後的消費者會自由穿梭在網路線上商店與線下實體商店，依當下心情或狀況在線上或線下購買，將成為理所當然的事。**

🏛 「行銷4.0」時代

我認為，**隨著Amazon的出現，已經進入行銷4.0的時代。**

想要買書的時候，若已決定好想看的書，就能在Amazon購買。如果是「想馬上看！」的人，可以在Amazon電子書「Kindle」購買，下載到自己的平板電腦便可立刻閱讀。雖然想馬上看，「但還是喜歡紙本書！」的人，則是到實體書店購買就好。在美國也有「Amazon Books」實體書店，只要上Amazon搜尋，就會知道庫存狀況。

由此可知，**對於買書這件事，Amazon提供多種選擇**。這正是線上融合線下的Amazon能夠實現的事。顧客依當下的心情或自己的所在地，選擇最方便適合的購買方式。

除此之外，**Amazon的服務內容也已經融合了線上與線下**。Amazon Books在美國已設店超過二十家，並活用了線上購買紀錄，專門打造而成。例如，書籍的陳列方式是以顧客評論或銷售紀錄分類，或是在設店地區設置當地流行的書籍專區。另外，店內沒有庫存時，也可以在店內下載電子書。

用Kindle看過電子書的人都知道，讀者可以在螢幕上畫線，因此Amazon Books還有根據用戶資料，設置「Kindle最常畫線的書籍」專區。這應該就是將Amazon網站顯示的「推薦系統」安裝在實體書店的陳列方式。

書籍的標價方式也別具特色，美國不像日本必須依照定價賣書，基本上都是由書店自行設定價格。因此Amazon也會配合需求和供給，在網路上隨時變更書籍售價。Amazon Books的售價設定與網路相同，因為會隨時變更，所以沒有貼標價。顧客只要使用店內設置的掃碼機，或用手機下載Amazon App讀取書籍條碼，就會顯示價格。最近開設的店面，多設有「電子貨架標籤」，能隨著網路上的價格改變顯示的標價。

此外，Amazon Books會針對「Prime會員」提供大幅度折扣，光是為了這個優惠就值得去一趟書店。

Amazon的企業使命是「成為地球上最以顧客為中心的公司」。最能實際感受到忠於該使命的事業，便是Amazon Books和無人商店Amazon Go。

Amazon經濟圈籠罩全球，其消費行為就應該在這種線上融合線下的社會進行。

⚷ 關鍵字解說 > 2

顧客體驗
Customer Experience

　「顧客體驗」的概念涵蓋了「使用者經驗」（頁162）在內。使用者經驗主要是指個別產品或服務的使用經驗，顧客體驗則包含了銷售產品的員工態度，或購買後的售後服務在內，可說是和產品、服務相關的所有體驗。

　為了呼應越來越積極的消費者需求，顧客體驗的概念也隨之進化。我在此引用Amazon執行長貝佐斯的想法，依照他的發言，匯整成以下四點：

　❶回應客戶身為人類的本能和欲望、❷解決因科技進步而趨於嚴重的問題和壓力、❸「會推測」的科技、❹不讓顧客有「買賣○○」的感覺。

　關於❶和❷，Amazon的「低價」、「多元商品種類」、「快速到貨」便是對客戶需求的回應。❸和❹則是特別能讓人感受到顧客體驗的進化，接下來將進一步說明。

　❸「『會推測』的科技」與Amazon的行銷戰略有著深切關係。以往的行銷通常以年齡、性別、職業、學歷、所得等屬性來設定目標，但Amazon用了AI分析用戶的購買紀錄和搜尋關鍵字等大數據，配合每位顧客的喜好，執行精

密的行銷。

　現代行銷的目標，是回應每位顧客即時變化的需求，已經到了顧客「想要的時候就收到商品」、「想要之前就收到商品」的程度。若是如此，阿里巴巴以「新製造」（頁226）為目標的服務，不就成了競爭對手嗎？

　至於❹「不讓顧客有『買賣○○』的感覺」，Amazon已經實現了。典型的例子就是無人商店Amazon Go。顧客進入商店後，拿到想要的東西就能離開。買東西付錢的感覺十分薄弱，這種舒適感正是Amazon想要達成的顧客體驗之必要元素。

　後文在Microsoft的章節也會提到，「環境運算」（Ambient Computing）正以次世代電腦之姿受到眾多關注：不使用智慧型手機等特定硬體，就能透過周遭既有的各種裝置設備，預先辨識並「自動」實現使用者想做的事。

　「『會推測』的科技」和「不讓顧客有『買賣○○』的感覺」這些顧客體驗，或許也會隨著環境運算的到來而更全面。

網飛

Netflix

這間急速擴大的影音串流服務企業正受到人們熱烈關注。解讀 Netflix 的戰略，就能知道該公司在強敵環伺中還能持續成長的理由為何。

解讀 Netflix「戰略 4.0」的關鍵字

🔓 **訂閱制**
🔓 **AI**
🔓 **大數據**

創立 ＞ 1997 年
創辦人 ＞ 里德・海斯汀（Reed Hastings）、馬克・藍道夫（Marc Randolph）
現任執行長 ＞ 里德・海斯汀
主要事業 ＞ 串流媒體
2019 年營收 ＞ 201 億 5,600 萬美元（5,543 億台幣）

🏛 全球最大的影音串流服務企業

在PART 1的「訂閱制」（頁45）曾提到，Netflix是全球最大的影音串流服務企業。Netflix創立於1997年，以DVD線上出租事業起家，後來推出定額制的出租服務，會員數大增，成為DVD出租市場的龍頭。

創業近十年後，Netflix在2007年轉為發展網路影音串流服務。2012年，搶先製作原創節目，成功創造與競爭對手的差異，如今在全球已擁有超過1億5,800萬的會員。

2019年Netflix的營收是201億5,600萬美元（5,543億台幣），進一步檢視報表，會看到美國國內的DVD出租服務僅占2億9,700萬美元（1.5%），國內串流媒體為92億4,300萬美元（45.9%），國外則是106億1,600萬美元（52.7%）。這麼看來，串流媒體完全成為Netflix的主力。

🏛 全力製作原創內容

檢視2019年的財報，最引人注目的是Netflix**營業利益之低**，只有26億美元（715億台幣），營業淨利率僅12.9%，以網路企業來說是相當低的水準。

營業利益低的最大理由在於，Netflix花費巨額在影片製作及收購。

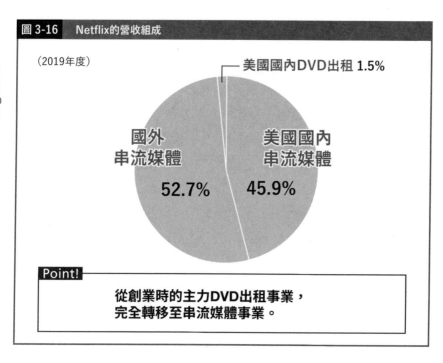

圖 3-16　Netflix的營收組成

（2019年度）

美國國內DVD出租 1.5%

國外
串流媒體
52.7%

美國國內
串流媒體
45.9%

Point!

從創業時的主力DVD出租事業，
完全轉移至串流媒體事業。

　　2018年Netflix投入於內容的費用高達130億美元
（3,575億台幣），2019年增加至139億美元（3,823億
台幣）。

　　日本有所謂的東京民營核心電視台（日本電視台、朝
日電視台、TBS、東京電視台、富士電視台），各台一
年的節目製作費不過1,000億日圓（250億台幣）左右，
即使五家加起來也不到5,000億日圓。由此可知，Net-
flix製作原創內容的預算有多麼龐大。

　　Netflix現金流量表（CF）中的「營業現金流」，就包
含了內容的收購費。因此，Netflix的營業現金流每年都

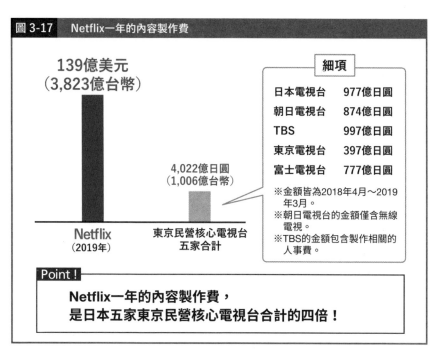

圖 3-17　Netflix一年的內容製作費

139億美元
（3,823億台幣）

4,022億日圓
（1,006億台幣）

Netflix
（2019年）

東京民營核心電視台
五家合計

細項

日本電視台	977億日圓
朝日電視台	874億日圓
TBS	997億日圓
東京電視台	397億日圓
富士電視台	777億日圓

※金額皆為2018年4月～2019年3月。
※朝日電視台的金額僅含無線電視。
※TBS的金額包含製作相關的人事費。

Point！

Netflix一年的內容製作費，
是日本五家東京民營核心電視台合計的四倍！

是負成長，2019年還達到29億美元（798億台幣）的赤字。

儘管獲得了巨額收益，Netflix仍不惜借貸資金，致力於原創內容的製作與收購。而且，**自2015年營業現金流轉為赤字後，赤字幅度逐年擴大。**

🏛 影音串流市場的競爭對手

Netflix之所以堅持內容的製作與收購，尤其是原創內容製作，是因為影音串流市場的競爭非常激烈。Netflix

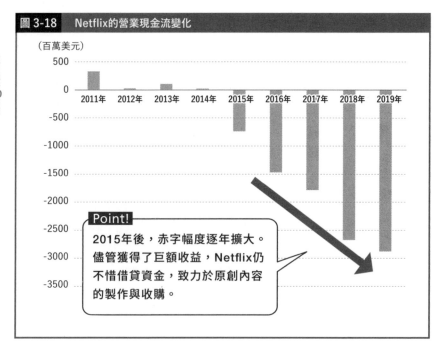

圖 3-18　Netflix的營業現金流變化

（百萬美元）

Point!

2015年後，赤字幅度逐年擴大。儘管獲得了巨額收益，Netflix仍不惜借貸資金，致力於原創內容的製作與收購。

面對市場中的眾多強敵，如華特迪士尼公司旗下的Hulu、提供Amazon Prime會員的Amazon Prime Video，以及美國電信巨擘AT&T旗下的付費頻道HBO等。

此外在中國，中國電信、騰訊視頻、百度等企業也有影片服務，並且各自都掌握一定的市占率。**這些競爭對手目前都致力於製作原創內容。**

當中，華特迪士尼公司在2019年11月推出了Disney+這項新服務，除了以往所有的迪士尼作品，還收錄皮克斯動畫工作室、漫威工作室、《星際大戰》等集團作品（該年12月推出原創星際大戰外傳影集《曼達洛人》）。

不只是其他影音串流平台，迪士尼也逐步升級自家公司的內容，對競爭對手造成很大的威脅。

🏢 Disney+成為大黑馬

Disney+推出之後，原本年年持續上升的Netflix股價也轉為下跌。雖然又因國外會員增加，使得股價回升，卻無法重回2018年的水準。

美國四大電視聯播網之一「NBC環球」也在2020年推出包含免費模式在內的影音串流服務，王者Netflix所處的環境變得越來越嚴峻。

🏢 Netflix的最大優勢：「推薦功能」

不過，**Netflix擁有其他競爭對手無法仿效的優勢**，那就是**「推薦功能」**，也就是系統推測用戶會覺得「有趣」的作品，並在螢幕上顯示「推薦」。

Netflix運用AI，分析用戶的觀看紀錄，決定推薦作品的選擇及順序。用戶過去觀看過的作品、觀看時間、日期、觀看時使用的裝置、搜尋時頁面的滾動狀況等詳細資料，全都是分析對象。

在這種情況下，用戶的性別、年齡、在哪個國家或地區觀看等資料，並不列入考慮。因為**「比起性別或年齡**

等表面資料，分析過去的觀看紀錄更能掌握用戶的興趣」。

早在Netflix還在從事DVD線上出租事業時，就已經開始提供線上的推薦功能。此外，該企業也舉辦預測作品評價的演算法競賽等，不斷投資開發AI。這些資料與研發的累積，都讓Netflix能達成比競爭對手更準確的推薦。據說，現在**Netflix上受觀看的作品，八成以上都是透過推薦功能。**

🏛 Netflix的「下一步」

Netflix把手上的用戶觀看紀錄以及用來分析的AI技術，都活用在製作原創內容。

例如，2013年製作、曾在美國引發社會現象的自製劇《紙牌屋》（House of Cards）就是活用了上述各種資料。從劇本的選擇，到導演、演員的選角，可以說是讓AI來擔任監製。

《紙牌屋》大獲好評，橫掃許多獎項，使得後來不只是好萊塢，在各國的影像作品都可以見到活用資料分析的製作。

如前文所述，影音串流服務的競爭相當激烈。於是，市場也開始傳出「Netflix應該會進軍遊戲業界吧？」的看法。不過，Netflix恐怕難以攻入Sony、Microsoft、騰

訊等強敵環伺的遊戲業。

近年來，畫面有如電影的「冒險遊戲」，以及彷彿化身電影主角的「動作遊戲」在全球大受歡迎。假如Netflix進軍遊戲業，應用其製作原創內容所培育的技術，製作出具有「電影感」的遊戲，確實很有可能力抗群敵。若能讓遊戲玩家自行決定結局的「多元結局」遊戲等，似乎也很有趣。

微軟
Microsoft

完全沒跟上行動化、雲端化這股時代潮流的王者 Microsoft，
正以猛烈攻勢展開反擊，其背後就是大膽的戰略轉變。

解讀 Microsoft「戰略 4.0」的關鍵字

🔒 雲端
🔒 AI
🔒 大數據

創立 > 1981 年
創辦人 > 比爾‧蓋茲（Bill Gates）
現任執行長 > 薩蒂亞‧納德拉（Satya Nadella）
主要事業 > 軟體及雲端服務
2018 年 7 月～ 2019 年 6 月營收 > 1,258 億美元（3 兆 4,595 億台幣）

🏛 Microsoft收益創下新高

在美國股市，Microsoft與Apple持續競爭市值之冠。2020年3月14日，搶下冠軍的Apple市值是1兆2,166億美元（33兆4,565億台幣），第二名的Microsoft是1兆2,081億美元（33兆2,228億台幣）。GAFA其他成員的市值皆未達到1兆美元，BATH當中市值最高的阿里巴巴也只有5,172億美元，由此可知Apple和Microsoft的市值有多麼突出。

就像是要印證其市值之高似的，Microsoft近年的財報表現也非常亮眼。2018年7月～2019年6月的營收是1,258億美元（3兆4,595億台幣），比前一年增加了14%，包含營業利益、經常利益（＝營業利益＋營業外收支）和淨利，皆為史上新高。

特別是392億美元（1兆780億台幣）的淨利，和前年相比約增長1.4倍。順帶一提，Toyota在2018年4月～2019年3月的淨利是4,707億台幣。

雖然汽車廠商與IT企業是不同業種，還是能透過比較看出Microsoft的收益有多高。

🏛 在行動通訊敗給Apple和Google

不過，Microsoft的迅速成長是近幾年的事，在此之前完全處於停滯期。

Microsoft靠著電腦作業系統Windows獲得一枝獨秀的壓倒性市占率，成為長期稱霸IT業界的盟主，但沒有跟上IT的「行動化」及「雲端化」這股技術創新的潮流，因此寶座被GAFA奪走。

其實，Microsoft在2000年代初期已經開發出「Windows Mobile」行動裝置作業系統，並順利搭載於行動終端機PDA，卻落後給後來的智慧型手機。

2011年，Microsoft和當時仍是手機市場龍頭的芬蘭企業Nokia聯手，推出搭載Windows Mobile的智慧型手機「Windows Phone」，結果卻乏人問津。因為在智慧型手機市場，Apple的iOS和Google的Android已是席捲整個市場的兩大作業系統。

2013年，Microsoft時任執行長史蒂芬・巴爾默（Steve Ballmer）以約1,750億台幣收購了Nokia，繼續正面迎戰Apple的iOS和Google的Android。然而，奮力拚搏仍無法改變戰局，最後他扛下收購Nokia失敗的責任，辭職下台。

🏛 雲端事業屈居於Amazon之下

在雲端事業，Microsoft也被Amazon領先。Amazon在2006年推出了AWS，當時，資料儲存、資料庫、網路、安全防護等以雲端為基礎的服務需求高漲，由於沒有其他競爭對手，Amazon立刻奪下市場。

另一方面，Microsoft 晚了 Amazon 近四年，才在 2010 年推出「Windows Azure」，加入雲端市場。

雖然 Microsoft 也開始提供雲端服務，但並未展現搶占市占率的積極態度。**這是因為當時 Microsoft 主力事業的商業模式，並不適合雲端事業。**

🏛 行動化與雲端化否定了 Microsoft 商業模式？

Microsoft 的收益支柱來自於 Windows 作業系統的授權費用，以及 Windows 的應用程式「Office」系列的銷售。Windows 早已是電腦的標準配備軟體，普及全球，利益龐大，而可以使用 Word、Excel、PowerPoint 等的 Office 是套裝軟體商品，儘管售價依版本或等級而異，但通常一套價值數千台幣。

雲端事業如字面所示，是在雲端上提供網路服務或軟體，而不推出套裝軟體。假如在雲端事業提供 Office 這類應用程式軟體，那麼套裝軟體商品就失去存在意義了。因此可以說：**雲端服務不適合 Microsoft 以往的商業模式。**

可是，在個人網路終端的層面，智慧型手機取代電腦，雲端的重要性日益升高。智慧型手機裡的 App，大部分都是在雲端上操作的服務。

🏛 第三代CEO徹底轉變經營戰略

2014年，薩蒂亞·納德拉繼史蒂芬·巴爾默之後接任執行長，帶領Microsoft突破了落後於行動化、雲端化這股時代潮流的危機。

納德拉提出了這項願景：「Microsoft是在行動優先（Mobile First）及雲端至上（Cloud First）的時代裡，專注於『生產力與平台經營』的公司。」並**推行所有服務的行動化與雲端化**。

當中最具象徵性的，就是製作雲端版的Office，而且也能在iOS和Android使用。

Microsoft徹底改變以往執著於自家公司的OS（＝平台）、和OS一併銷售軟體的戰略，轉而讓用戶在競爭對手的OS也可以使用自家的招牌商品。此外，**雲端版Office也提供訂閱服務，用戶只要支付月費或年費就能使用**。

於是，在第三任執行長納德拉的大膽施策下，Microsoft的商業模式大幅改變。2017年起，納德拉的改革成果逐漸反應在業績上，Microsoft創下了收益新高。

🏛 用Azure猛攻Amazon

Microsoft的雲端事業，持續以超高速度成長。一開

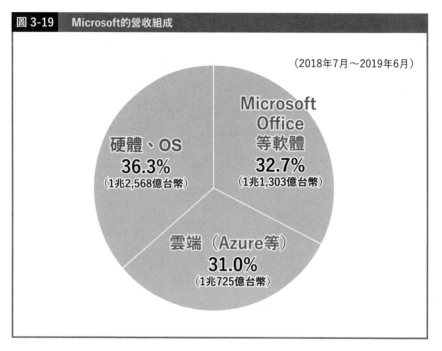

圖 3-19　Microsoft的營收組成

（2018年7月～2019年6月）

硬體、OS
36.3%
（1兆2,568億台幣）

Microsoft
Office
等軟體
32.7%
（1兆1,303億台幣）

雲端（Azure等）
31.0%
（1兆725億台幣）

始推出的Windows Azure，在2010年10月改名Micro-
soft Azure，如今通稱為**「Azure」**。

　　回顧2018年7月～ 2019年6月財報，Azure和伺服器
業務所屬的雲端部門之營收為390億美元（1兆725億台
幣），占整體營收31%，比前一年增加了21%，成為成
長率最高的事業部門，同時也逐漸逼近雲端市場的競爭
對手、市占率冠軍的Amazon AWS。根據分析師最近的
預測，Azure的營收推估是AWS的五成左右。

　　此外，2019年秋季美國國防部舉行的「聯合企業防禦
基礎建設」（JEDI）投標案，Microsoft也打敗Amazon

圖 3-20 Microsoft對決Amazon，雲端業界霸權之爭

Microsoft VS **Amazon**

CLOUD CLOUD

Azure **AWS**

- ·2010年推出。
- ·根據英國調查機構，在 2018年全球雲端服務市場的營收排名第二。
- ·最近分析師預測，營收是AWS的五成左右。

- · 2006年推出。
- · 據英國調查機構，在 2018年全球雲端服務市場的營收排名第一。

VS **在中國，阿里巴巴與AWS、騰訊展開激戰。**

Microsoft近年的動向

雲端事業的合作

美國電信巨擘

Microsoft AT&T

共同推行遊戲雲端化計畫

Microsoft Sony

阿里巴巴 騰訊

CLOUD CLOUD

中國BATH

得標，成了新聞。這筆訂單預估超過100億美元。

　　還有，Microsoft已和美國電信巨擘AT&T合作雲端事業，最大零售商沃爾瑪（Walmart）亦成為合作夥伴；也和Sony共同推行遊戲雲端化的計畫，以此積極對抗Google。

　　目前，雲端市場仍處於發展初期，還有很大的成長空間。不久的將來，市場規模可達一兆美元。重生的Microsoft，成長才正要開始。

🏛 Microsoft的「下一步」

　　Microsoft針對次世代電腦服務「環境運算」（Ambient Computing）的對策也十分受世人關注。

　　以往，電腦處理資訊必須有硬體（產品）的存在，沒有電腦或智慧型手機就無法操作、處理。不過，意指「環境」或「周邊」的「Ambient」計算不必使用特定硬體，而是透過周遭的各種設備裝置，預先辨識用戶想做的事，並「自動」實現。

　　環境運算結合了各種技術，如IoT、智慧音箱、雲端、可穿戴式電腦、擴增實境（AR）等，可說是全面進化的產物。

　　目前，Microsoft已經在開發環境運算用的裝置設備，可望取代智慧型手機，令人相當期待。

百度

Baidu

百度和Google一樣,是以搜尋服務的廣告業為營收支柱,並達成急速成長的企業,現在也得到中國政府強力支援,使其在自動駕駛領域躍居世界龍頭。我們將從百度的戰略4.0解讀其下一步。

解讀百度「戰略 4.0」的關鍵字

- ⊕ 大數據
- ⊕ AI
- ⊕ 自動駕駛
- ⊕ 智慧城市

創立 > 2000 年
創辦人 > 李彥宏
現任董事長兼執行長 > 李彥宏
主要事業 > 網路廣告
2019 年營收 > 153 億美元(4,208 億台幣)

🏛 不得輕忽的「全球市占率第二」

百度是中國搜尋服務之冠，常有人說是「全球市占率僅次Google」。但這個說法需要一些注解。公布搜尋引擎統計資料的調查公司很多，即使是相同時期的排名也會有細微的不同。因此，百度確實有過第二名的紀錄，但基本上應該是介於第二到第四名。實際情況是，由於Google掌握了全球九成以上的搜尋引擎市占率，剩下的市場由百度、Microsoft的「Bing」，以及雅虎互相爭奪（另外，第五名固定是俄羅斯的「Yandex」）。

🏛 商業模式酷似Google

百度的網站首頁設計酷似Google，公司名稱也和Google一樣與數字有關，所以起初被批評和Google過於相似，就連**商業模式也幾乎和Google相同**。

檢視百度2019年的財報，全年營收是153億美元（4,208億台幣）。當中，廣告事業「互聯網營銷服務」（百度網盟推廣）的營收是112億美元（3,080億台幣），**占整體的七成多**。

百度的廣告，具體來說和Google的Google Ads相同，架構是輸入關鍵字搜尋後，廣告會顯示在搜尋結果的頁面。關鍵字廣告在廣告業界一般稱為「產品目錄廣告」。

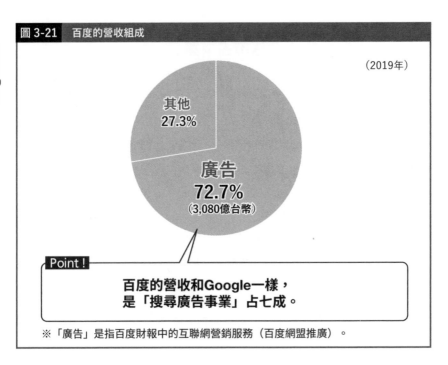

圖 3-21　百度的營收組成

（2019年）

其他
27.3%

廣告
72.7%
（3,080億台幣）

Point！

百度的營收和Google一樣，
是「搜尋廣告事業」占七成。

※「廣告」是指百度財報中的互聯網營銷服務（百度網盟推廣）。

Google在全球搜尋服務的市占率約90%，其廣告事業營收是1,348億美元（3兆7,070億台幣）。至於市占率約1%的百度，營收雖然是不到十分之一的112億美元（3,080億台幣），但仍可說是具有高獲利力。

🏛 搜尋引擎「搜狗」的興起

　　百度經營的服務相當多元，包含電子商務、社群網路、新聞網站、地圖資訊、保管文本或影像的儲存空間

等，性質很像日本雅虎這類入口網站。

當中，十分受歡迎的包括問答分享平台「百度知道」，與人稱「中國版維基百科」的「百度百科」。兩者都是將用戶創造的內容建立資料庫、進而提供搜尋的服務。尤其是放在首頁醒目之處的「百度知道」，可說是百度在中國維持高市占率的最大因素。

不過，百度的搜尋服務事業也有弱點。雖然目前百度在中國國內擁有壓倒性的市占率，但2019年一個名為「搜狗」的搜尋引擎市占率急速上升。

搜狗在中國的市占率目前已超過20%，這使得始終維持在70至80%市占率的百度，下降到60%左右。其實，搜狗的大股東是騰訊，搜狗幾乎已是聯營公司，且因為和騰訊的社交平台「微信」合作，搜狗能搜尋微信上的內容。此外，「Vivo」和「Oppo」等急速成長中的中國手機廠商，也將搜狗的瀏覽器預先安裝在自家手機內，這點同樣造成影響，於是百度開始轉為守勢。

🏛 在AI虛擬助理領域，與Amazon和Google對抗

現在，百度賭上企業命運推動的，正是AI事業。

2017年1月，百度發表了集結AI技術而開發的「DuerOS」，和Amazon的Alexa、Google的Google Assistant一

樣，同為 AI 語音辨識助理。

目前市面上已有各家廠商推出搭載 Duer OS 的智慧音箱及家電，2019 年 7 ～ 9 月的智慧音箱出貨數量當中，Duer OS 成為在 Alexa、阿里巴巴的「天貓精靈」之後的世界第三，在中國國內則是第一。

🏛 在自動駕駛領域，百度成為世界領頭羊

另外，百度也積極開發自動駕駛技術。中國政府正在

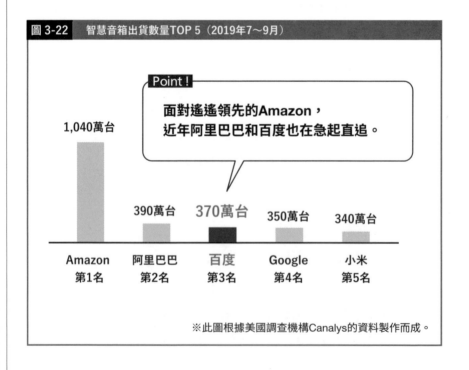

圖 3-22 智慧音箱出貨數量 TOP 5（2019 年 7～9 月）

Point！

面對遙遙領先的 Amazon，近年阿里巴巴和百度也在急起直追。

1,040 萬台

390 萬台　370 萬台　350 萬台　340 萬台

| Amazon 第1名 | 阿里巴巴 第2名 | 百度 第3名 | Google 第4名 | 小米 第5名 |

※此圖根據美國調查機構 Canalys 的資料製作而成。

推行「新一代人工智慧開放創新平台」的國家建設計畫，對外宣告「2030年中國會在人工智慧領域成為世界第一」。此計畫也被視為與美國產生摩擦的原因之一，其中的**自動駕駛事業，正是由中國政府委託給百度。**

受到委託的百度在2017年4月提出了自動駕駛平台「百度阿波羅」的構想。「阿波羅」這個名稱象徵了美國過去賭上威望推行的載人太空航行「阿波羅計畫」。

「百度阿波羅」在自動駕駛的應用，已領先全球，除了在中國國內已有21處啟用自駕巴士，也開始量產無人駕駛的「等級四」*自駕巴士「阿波龍」。Google成立的自動駕駛開發公司「Waymo」雖已展開自駕計程車的商業化，但仍停留在有限應用的階段。

越早在社會實施自動駕駛，就越可以領先蒐集大數據，加快開發速度。此外在2020年，美國電動車大廠Tesla已表明，預計推出的自駕車會採用百度的地圖資料。

自動駕駛必須要有高精密度的3D地圖與周邊交通資訊的「動態圖」。實際行駛時，還要加上即時更新的GPS位置資訊。

Tesla比其他汽車製造商早一步成功量產電動車，也

---

* 譯注：根據美國汽車工程師協會（SAE）標準，自動駕駛分為0～5級。等級0是無自動化、等級1是駕駛輔助、等級2是部分自動、等級3是有條件自動，等級4是高度自動、等級5是完全自動。

已經在中國上海近郊順利啟動新工廠。過去，Tesla在接受出資等方面，與騰訊曾是合作關係，但採用百度的地圖資料意味著Tesla的方針大改變。

由此看來，百度在自動駕駛領域無疑是領先全球的公司。

🏛 百度的「下一步」

百度阿波羅使用的AI也是Duer OS，因此在中國，搭載Duer OS的自駕車和家電變得普及是遲早的事。那也代表著**「智慧城市」**（smart city）的實現。早在2017年12月，百度已和中國河北省雄安新區政府達成協議，執行活用AI技術的都市計畫，以及建設「智能城市」（AI city）。

這指的是在大眾運輸、教育、安全監控、醫療衛生、環境保護、行動支付等智慧造城不可或缺的各種領域中，以活用AI技術的構想為基礎，將雄安新區打造為一座智慧城市。透過建設智慧城市，讓Duer OS成為平台，進而形成城市的商業生態系。

中國政府全面支援AI產業，並將其視為國家政策。中國宣示要在2020年前創造出4兆台幣的AI市場，十年後的2030年更要培育出十倍規模、約40兆台幣的市場。

BATH的其他成員也正積極實行智慧城市的構想，這

圖 3-23　百度與Google的自動駕駛霸權之爭

百度

Google

VS

- 百度阿波羅在自動駕駛的應用領先全球。
- 已在中國國內21處啟用自駕巴士。
- 量產無人駕駛的自駕巴士。

- 全球首先達成自駕計程車的商業化。
- 目標是要讓智慧型手機作業系統Android成為自駕車作業系統。

場霸權之爭想必會變得更加激烈。若百度要贏得這場激戰,並在將來的AI市場獲得龐大收益,最大武器就是自動駕駛技術。

智慧城市
Smart City

　　如同顧客體驗，「智慧城市」這個概念的涵義也會隨著科技的進步逐漸改變。

　　智慧城市的「起源」大概是2000年代前期出現的「智慧電網」（smart grid）。那時候美國推行電力市場自由化，電力的穩定供給再次成為社會問題。當時智慧電網的目標是活用IT技術，在最佳化的狀態下為城市提供電力。

　　因此，智慧城市起初指的是促進可再生能源有效利用的「節能城市」。後來也變成是指，政府或自治團體能夠在平台上統攬或合作處理各種資料的構想。

　　現在，智慧城市也用於表示在平台上蒐集整合能源、城市交通或各種設備的運作狀況、個人屬性或行動等各種資料，用AI分析這些大數據，並創造出更有效率且舒適的城市。也可說是「線上融合線下的城市」。

　　智慧城市裡的各個角落都裝有無數的感測器，運用人臉辨識等尖端辨識技術，將個人的各種行動都建立資料庫。

　　這樣描述起來，或許很多人會聯想到街上充斥著監視器的景象。

其實，影像感測器的技術已經徹底進化，微型化程度十分驚人。美國豪威科技（OmniVision Technologies）研發的「OV6948」，尺寸只有0.575×0.575×0.232mm，比米粒還小，更被金氏世界紀錄認定為「全球最小的商用影像感測器」。

如此迷你的感測器也叫做「智慧型微塵」（Smart Dust），可以構成無線網路，互相收發資料。

此外，電腦大廠IBM等公司也已開發出米粒大小的迷你電腦。微型化還有很大的發展空間，在不久的將來，感測器和電腦都會變成米粒般的大小吧。

這麼一來，過去因為太小而無法併入網路的東西，也可以搭載在感測器或電腦。這或許是IoT的其中一個終點，當它實現時，智慧城市也算是「完成」了。

屆時，「環境運算」也能變得普及，預先辨識使用者想做的事，並「自動」實現，而Amazon應該就能達成「在想要之前就收到必需的商品」這項成就。

沒錯，這絕不是異想天開的空談。

阿里巴巴

Alibaba

阿里巴巴是「戰略4.0」代表企業Amazon的最大競爭對手。
我將針對線上融合線下、經濟圈的擴大，來解讀阿里巴巴的
戰略，並探尋阿里巴巴對決Amazon的未來。

解讀阿里巴巴「戰略4.0」的關鍵字

- 平台
- 商業生態系
- 經濟圈

創立 > 1999 年
創辦人 > 馬雲
現任執行長 > 張勇
主要事業 > 電子商務
2018 年 4 月～2019 年 3 月營收 > 538 億美元（1 兆 4,796 億台幣）

🏛 營收的八成以上是電子商務

在全球零售業界與 Amazon 平分天下的阿里巴巴，正式的公司名稱是「阿里巴巴集團」（Alibaba Group Holding），其在 2018 年 4 月～ 2019 年 3 月的營收是 538 億美元（1 美元＝ 7 人民幣，以下皆同），換算成台幣則是 1 兆 4,796 億元。

當中，阿里巴巴稱為「核心業務」的線上電子商務營收為 462 億美元（1 兆 2,705 億台幣），占整體營收高達 85.9%。因此，**阿里巴巴可說是電商企業**。

圖 3-24　阿里巴巴的營收組成

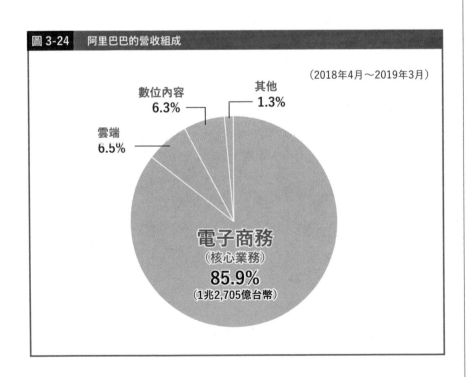

（2018年4月～2019年3月）

數位內容
6.3%

其他
1.3%

雲端
6.5%

電子商務
（核心業務）
85.9%
（1兆2,705億台幣）

我們來試著比較阿里巴巴與競爭對手Amazon。

Amazon的2019年度營收是2,805億美元（7兆7,138億台幣），約為阿里巴巴的五倍，其中Amazon直販的網路商店加上賣家自行銷售的「電商市集」，合計營收是1,950億美元（5兆3,625億台幣）。光是電子商務的營收，Amazon就比阿里巴巴高出四倍多。

🏛 「網站成交金額」勝過Amazon

單看上述數字，會覺得Amazon大獲全勝，但**從其他標準來看，就可見阿里巴巴的巨大勢力**，那個標準就是「網站成交金額」。

網站成交金額是指用戶購買的商品或服務之銷售總額，代表了電商平台上的商業生態系規模。

尤其對經營市集型電子商務或二手交易App的企業而言，網站成交金額被視為測定市場規模的重要指標，在國外企業的財報會標記為「GMV」（Gross Merchandise Value）。

在中國國內，阿里巴巴在2018年4月～2019年3月的網站成交金額，光是個人部分就有8,530億美元（23兆4,575億台幣）。

另一方面，因Amazon並未公布資料，若從營收推估其電商市集的網站成交金額，約為5,380億美元（14兆

| 圖 3-25 | 阿里巴巴對決Amazon，電子商務霸權之爭 |

營收（台幣）

1兆4,796億元

阿里巴巴

VS

7兆7,138億元

Amazon

（2018年4月～2019年3月）

（2019年）

網站成交金額

23兆4,575億元

阿里巴巴

VS

18兆6,780億元

Amazon

（2018年4月～2019年3月的
個人電商市集部分）

（從2019年營收推估的數字）

Point!

儘管阿里巴巴的「營收」和Amazon
有5倍左右的差異，
但「網路交易金額」卻超越Amazon。

7,950億台幣）；這個數字再加上 Amazon 的網路商店，營收共計為6,792億美元（18兆6,780億台幣）。

因此，**在網站成交金額上，完全是阿里巴巴勝過 Amazon**。

🏛 全球頂尖的「網站成交金額」

Amazon 的電子商務是以直販型為主，阿里巴巴則是市集型，儘管模式有所不同，但阿里巴巴的網站成交金額放在全球來看，也是頂尖的規模。

日本電商企業樂天的經營模式，與市集型的阿里巴巴較為接近。2019年，樂天的國內網站成交金額是3兆9,000億日圓（9,750億台幣），此金額除了「樂天市場」，也包含旅遊、圖書、票券、外送平台「樂天 Delivery」、二手拍賣 App「Rakuma」（樂趣買）等電子商務的所有服務在內，但這個數字還不到阿里巴巴的二十分之一，令人驚嘆阿里巴巴規模之龐大。

🏛 免費提供的「Alibaba.com」

阿里巴巴的創立要回溯至1999年。創辦人馬雲最初開展的事業是「B2B」（＝企業對企業）的電子商務「Alibaba.com」。**阿里巴巴的成功，經常會歸因於率先**

在中國市場成立電子商務的「先行者優勢」，其實並非如此。

Alibaba.com開始運作的時候，市場上早已存在其他的B2B電子商務，並不享有先行者優勢。

此外，剛創立阿里巴巴的馬雲，也沒有企業家的實際成果，不是特別受到關注的人物。在這樣的狀況下，**馬雲靠的是不收取手續費，吸引Alibaba.com的用戶**。

市集型的電子商務通常會在交易成立時，向用戶收取手續費，或是收取會員費以提高收益，但當初Alibaba.com完全不收取手續費。

🏛 導入付費會員制，賺取利益

「免手續費」造成了極大的影響力，加入Alibaba.com的企業不斷增加，到2001年底，註冊的企業數已超過100萬家。

不過，由於免手續費，雖然用戶增加了，但Alibaba.com的收益並未增加，反而還提高了維持伺服器運作所需的費用。因此，馬雲成立阿里巴巴時準備的資金很快就見底，很長一段時間是靠投資人出資的資金，勉強維持營運。於是馬雲導入了**付費會員制**。保留免費會員，另外設立可在電子商務獲得行銷支援的付費會員，藉以賺取利益。

雖說是付費，但費用仍比其他電商便宜，所以從免費會員轉為付費會員的用戶大幅增加。這時，總算確立了阿里巴巴的收益模式。

🏛 「C2C」的「淘寶網」也是免費

讓阿里巴巴一舉飛躍成長的，是2003年7月推出的「淘寶網」，這是「C2C」（＝個人對個人）的電子商務。

淘寶網剛推出時，市場已有競爭對手，那就是美國的「eBay」。eBay是在1995年9月創立、和Amazon同期的企業，是當時全球最大的C2C市集型電商企業。eBay在2000年進軍中國，獨占了市場。

那麼，身為後進者的阿里巴巴，究竟採取了怎樣的對策呢？就像Alibaba.com一樣，馬雲再次祭出用戶免手續費這一招。

為了不收取手續費，便以Alibaba.com獲得的利益做為資金，讓「免手續費」成功奏效，短時間內大量搶走了eBay的用戶。

🏛 推出「支付寶」，巨幅擴大了用戶人數

接著，阿里巴巴推出與銀行合作開發的線上支付服務「支付寶」。其運作架構為：用戶在淘寶網進行交易時，

支付寶先保管買家的資金，交易成立後，支付寶再撥款給賣家。

假如購買的商品有問題，支付寶就會退款給買家。在中國，有銀行戶頭的人不多，有信用卡的人也是少數，進行網路購物時，用起來十分簡單、安全的支付寶，頓時變得普及。

馬雲同樣將支付寶設定為免費服務，於是，原本在C2C電子商務掌握最高市占率的eBay用戶人數不斷減少，最後在2006年12月迎來網站關閉的命運。

另一方面，淘寶網則是順利擴大，2010年7月底為止，註冊的用戶人數已超過2億，成為全球用戶人數最多的電子商務平台。

🏛 繼淘寶網之後，推出「B2C」的「天貓」

淘寶網的收益模式類似Alibaba.com，雖不收取交易手續費和註冊費，但要收取網路流量分析軟體或訂單管理軟體等支援行銷的工具費用。另外，刊登廣告也要收費，廣告費於是成為收益的支柱。

也就是說，**淘寶網不收取交易手續費和註冊費這類一般視為電子商務收益來源的費用，而是從部分用戶的廣告費獲得收益，成功建立了自己的獨特模式。**

2008年，阿里巴巴首度推出了**「B2C」**（＝企業對個

人）電子商務「天貓」。此時的阿里巴巴已經靠淘寶網的成功，成為中國最大的電商企業。之所以設立B2C電子商務，是因為中國國內的盜版猖獗。由於賣家可以免費使用淘寶網，產生了販賣盜版商品的情況。為此，阿里巴巴嚴格審查賣家，推出只有高信任度的賣家才能進行買賣的B2C電子商務「天貓」。

圖 3-26	阿里巴巴的免費戰略

1999年	創立阿里巴巴，推出Alibaba.com。
➡ Alibaba.com 免收所有手續費！	
2001年	Alibaba.com註冊的企業數超過100萬家。
2003年	推出淘寶網，導入線上支付服務支付寶。
➡ 淘寶網和支付寶免收所有手續費！	
2006年	淘寶網搶走先行者美國eBay的用戶，使其網站關閉。
2008年	推出天貓。收取交易手續費和註冊費，支付寶也要收取手續費。這時停止免費策略，採取一般電商的商業模式。
2010年	淘寶網的註冊用戶人數超過2億。

🏛 「天貓」回歸一般電子商務

起初，天貓的大部分商家都是透過淘寶網獲得龐大營收，並成為「企業」的賣家。對阿里巴巴來說，讓擁有實際成果的賣家加入開店也有助於改善收益，因為天貓要收取交易手續費和註冊費，原本在淘寶網免費的支付寶，在天貓也要收取手續費。但對賣家來說，使用天貓也有好處，因為通過嚴格審查，進一步提升了店家的信用度，如今在天貓開店已成為店家的身分象徵。

推出天貓之後，阿里巴巴終於採用一般的電子商務收益模式。此時，網購在中國的消費市場已然成型，消費者也擁有強大的購買力（中國觀光客在日本「爆買」成為話題，也是在這個時期），能安心購買真品的天貓，抓住了買家和賣家的需求，達到急速成長。

🏛 具體實現使命的電商企業

阿里巴巴推行的電子商務有B2B的Alibaba.com、C2C的淘寶網、B2C的天貓等各種形式，但這些都不是Amazon的直販型電商，而是賣家自行銷售的市集型。

以電商市集為事業主體的背後原因，就是來自於阿里巴巴的使命：「以基礎建設解決社會問題」和「扶助中小企業和消費者」。

　　扶助中小企業和個人經營者事業的基礎建設，就是建立電子商務。支付服務的支付寶也可說是回應了許多人沒有銀行帳戶或信用卡的社會問題。

　　還有一個反映了阿里巴巴使命的具體事例，就是2017年推出的「天貓小店」。這是阿里巴巴的實體商店計畫，**嘗試將家庭式經營的小型零售商店數位化**。

🏛 小型零售商店的「數位化」

　　具體的做法是針對小型零售商店，提供以電子商務為中心的網路基礎建設、物流系統、店家所在地區的消費動向等資料。

　　小型零售商店不斷被淘汰，這在全球已司空見慣，過去是因為大型超市或便利商店的興起，現在則是因為電商興起，讓不計其數的店家被迫停業。

　　在中國有600萬家以上的小型零售商店，據說這些店家的老闆有八成都超過45歲。阿里巴巴針對面臨停業危機的店家進行數位化，以連鎖加盟的方式延續其存在。同時，由於天貓小店越做越大，阿里巴巴也能獲得以往缺乏的地方小城消費資料。這讓阿里巴巴擁有其他企業難以取得的資料，更有助於在中國建立經濟圈。

　　淘寶網和天貓這些平台，形成了幫助參與企業與零售店成長的商業生態系。曾任阿里巴巴集團總參謀長

（2017年卸任）的曾鳴，在其著作《智能商業模式：阿里巴巴利用數據智能與網絡協同的全新企業策略》中提到，阿里巴巴的商業生態系是「為了解決顧客的複雜問題，組合各自的作用，進而變化的智慧網路」。

🏛 阿里巴巴的「OMO」構想

其實，推出天貓小店之前，阿里巴巴就已經開啟了實體商店的事業，那就是2016年在上海開設的一號店「盒馬鮮生」，之後又陸續在北京、深圳等中國各地設立150家店面。

盒馬鮮生是以生鮮食品為主的超市，因為是實體商店，顧客可以直接到店選購，但也可以用智慧型手機訂購及配送商品，而且只要距離店家三公里以內，都可以在30分鐘內免費配送。顧客在店裡實際看到食品後，可以請店家配送，也可以直接在家訂購。

盒馬鮮生融合了網路的線上商店與線下的實體商店，即所謂的「OMO」（Online Merges with Offline）商店。盒馬鮮生店內的所有商品都有行動條碼，就連水槽內的活魚也有。用手機掃描行動條碼，不但可以知道價錢，也能知道產地和銷售通路等資訊。若用支付寶購買的話，還會透過手機的App將來店紀錄和購買紀錄儲存至阿里巴巴。

做為競爭對手的 Amazon 雖然也有實體商店 Amazon Go 和 Amazon Books，但**在 OMO 的「融合度」方面，阿里巴巴領先於 Amazon**。

2019 年 11 月，阿里巴巴又進行了新嘗試，在深圳開設綜合購物商城「盒馬里」。約有 60 個店家進駐商城，用戶可用盒馬里的 App 訂購這些店家的商品。

馬雲將線上融合線下的 OMO 稱為**「新零售」**（New Retailing），他主張，**今後十到二十年左右，線上商務將會消失，取而代之的是新零售**。想必在「阿里巴巴經濟圈」，所有商品和服務都會實現新零售。

🏛 阿里巴巴的「下一步」

若說新零售是與「消費」有關的構想，那麼「新製造」（New Manufacturing）就是關於「生產」的構想。

針對這個構想，馬雲這麼說明：「比起在五分鐘內製造 2,000 件相同種類的衣服，五分鐘內製造 2,000 種衣服的時代即將來臨。」

傳統製造業活用大量生產的規模優勢，以減少成本，但今後十五到二十年間將會面臨困境。馬雲預測，接著誕生的便是呼應消費者個性的嶄新製造業「新製造」。

回應每位用戶的需求、製造單一產品，也就是所有的成品都變成客製化。因此，**與其說新製造是製造業，其**

圖 3-27 馬雲提倡的「新製造」構想

以往的製造業　＝　量產「成品」

5分鐘製造
「2,000件相同
種類的衣服」。

新時代的製造業
（New Manufacturing）　＝　量產「單品」

5分鐘製造
「2,000種衣服」。

實更接近服務業。

　雖然新製造不會立即實現，但只要阿里巴巴擁有龐大的消費者大數據，以及解析大數據的AI技術，那麼，以高精密度掌握個別需求，製造且提供獨特「單品」，就並非遙不可及的夢想。

騰訊

Tencent

騰訊以通訊 App 為起點,並透過遊戲事業達到急速成長。我們將從轉向投入金融、零售領域的戰略背景,探尋騰訊的下一步。

解讀騰訊「戰略 4.0」的關鍵字

- 平台
- AI
- 自動駕駛
- 經濟圈

創立 > 1998 年

創辦人 > 馬化騰

現任執行長 > 馬化騰

主要事業 > 網路遊戲、社群相關事業

2018 年營收 > 447 億美元(1 兆 2,293 億台幣)

🏛 在日本，BATH當中知名度最低的是騰訊？

對日本人來說，騰訊可能是BATH之中最不熟悉的企業。阿里巴巴與百度的主力事業都有冠上企業名稱，而華為雖無股票上市，但該公司製造的智慧型手機和平板電腦在日本也頗受歡迎。儘管騰訊在日本的知名度很低，但其實曾是亞洲市值最高的企業。

2004年6月，騰訊在香港股票上市，之後股價不斷上漲，2016年9月已經超越當時亞洲龍頭，中國手機通訊事業大廠「中國移動通信」的市值，金額竟高達約6兆6,500億台幣。順帶一提，當時的日本龍頭Toyota市值約為5兆2,500億台幣。

🏛 與阿里巴巴並駕齊驅的亞洲雙雄

後來阿里巴巴在美國股票上市，市值與騰訊不相上下，兩者持續展開激烈的霸權之爭，並飛躍成長為亞洲企業「雙雄」。2017年11月，騰訊市值超越Facebook，登上全球排名第五。

然而到了2018年，騰訊和阿里巴巴的股價轉為疲軟。尤其是騰訊，可說是暴跌的狀態。隔年，阿里巴巴的股價逐漸回升，騰訊仍陷入苦戰。

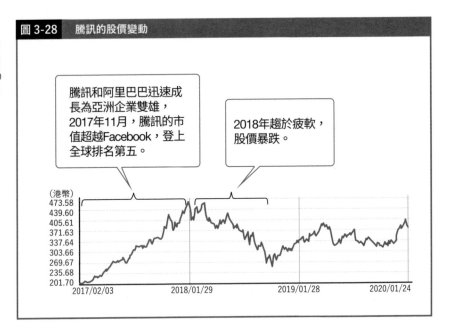

圖 3-28　騰訊的股價變動

> 騰訊和阿里巴巴迅速成長為亞洲企業雙雄，2017年11月，騰訊的市值超越Facebook，登上全球排名第五。

> 2018年趨於疲軟，股價暴跌。

（港幣）
473.58
439.60
405.61
371.63
337.64
303.66
269.67
235.68
201.70

2017/02/03　　　2018/01/29　　　2019/01/28　　　2020/01/24

🏛 以線上通訊工具創業

　　騰訊創立於1998年11月，當初的主要事業是線上的「即時通訊」。比起電子郵件，即時通訊能夠更輕鬆地交換訊息，是流行於2000年代前期的服務。傳送訊息給認識的人，對方的電腦上就會出現通知，藉此即時收發訊息，可說是一項超前服務，已具備現代常見的「聊天」功能。

　　騰訊創立時，全球市場上已經有「Yahoo!即時通」（2018年終止服務）和Microsoft的「MSN Messenger」

（2014年終止服務）。在中國國內，騰訊的「騰訊QQ」（以下稱QQ）是最早商用化且免費開放使用的即時通訊軟體。

2005年，騰訊推出「QQ空間」，也稱Qzone，這項服務已具備社群功能，可以和認識的人或朋友共享照片、影片、文件等。不過，QQ空間並非獨立的服務，而是要在QQ平台上設定。比起始於2004年的Facebook或日本的「mixi」起步稍晚。

🏛 建立亞洲的通訊平台

2011年1月，騰訊終於推出「WeChat」。這個App可以讓人用智慧型手機聊天，以及使用社群網站，服務性質和幾乎同時期推出的日本「Line」一樣。

由此看來，**騰訊適時展開線上通訊服務，跟上了世界的潮流。**2018年12月底，QQ的用戶人數（每月活躍用戶〔MAU〕）上升至8億710萬人。中國的總人口數約14億人，QQ幾乎只在中國國內使用，等於有**近六成的中國人都在使用QQ**（但，這幾年的用戶人數已達極限）。

另外，遍及200個國家及地區的WeChat，MAU達到10億976萬人。雖然這個數字低於服務內容和功能相近的Facebook Messenger（全球MAU約13億人），卻大

圖 3-29 騰訊對決Facebook，通訊App霸權之爭

 **騰訊**　　　　　　**Facebook（Meta）**

💬✏ **WeChat**　　　VS　　　💬✏ **Facebook Messenger**

MAU **10億976萬人**　　　　　MAU **約13億人**

（MAU＝每月活躍用戶）

遍及200個國家及地區的WeChat狠甩Line，掌握亞洲地區的通訊平台。

幅超過使用Line的主要四國（日本、台灣、泰國、印尼）的1億6,400萬人。

🏛 收益支柱是遊戲事業

那麼，騰訊是以什麼事業提升收益的呢？檢視騰訊近年的財報資料，2018年的營收是447億美元（1兆2,293億台幣）。財報細項分為三個部門：

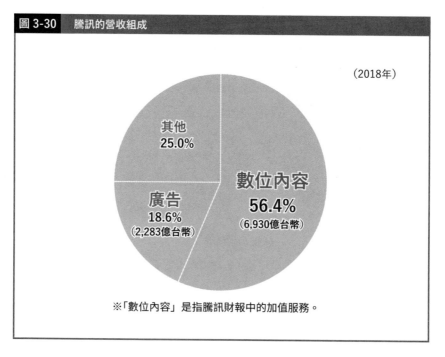

圖 3-30　騰訊的營收組成

（2018年）

其他
25.0%

數位內容
56.4%
（6,930億台幣）

廣告
18.6%
（2,283億台幣）

※「數位內容」是指騰訊財報中的加值服務。

① 「數位內容」252億美元（6,930億台幣）
② 「廣告」83億美元（2,283億台幣）
③ 「其他」112億美元（3,080億台幣）

　　營收最高的①「數位內容」，基本上是指針對QQ和
WeChat用戶提供的線上遊戲、影片、音樂、書籍、新
聞等內容。這些向用戶收費的內容，就成為營收。這項
加值服務又分為兩個項目：PC ／手機遊戲事業為149
億美元（4,098億台幣），社群網路事業為103億美元

（2,832億台幣）。

由此可知，**騰訊的營收當中，最高的是 PC ／手遊事業，占整體的三分之一。**

因此，**騰訊的商業模式可說是，以即時通訊等通訊 App 招攬用戶，再以線上遊戲提升收益的結構。**

⌂ 以原創遊戲擴大用戶

騰訊很早就開始發展遊戲事業，2003年就加入了線上遊戲市場。當初，騰訊採取的模式是讓用戶免費下載遊戲，再付費購買遊戲中使用的配件等。因為已經藉由 QQ 獲得廣大的用戶，「向部分用戶持續收取少額費用」這種架構就能達到很大的收益。

此外，騰訊也提供線上遊戲之外的各種付費服務，例如發行儲值卡當作付費方式。儲值卡廣泛流通，便於向用戶收費。

2009年，騰訊在中國國內的遊戲市場成為市占率龍頭，後來又推出各種遊戲，同時積極進行遊戲的平台「移植」。騰訊在自家平台上提供當時全球大受歡迎的遊戲，例如美國「拳頭遊戲」公司（Riot Games）的《英雄聯盟》（League of Legends）、芬蘭「超級細胞」（Supercell）的《部落衝突》（Clash of Clans），藉此吸引許多用戶。

2015年，騰訊費力投入的原創遊戲《王者榮耀》（Honor of Kings）大受歡迎，下載次數超過一億次，甚至在中國成為社會現象。

🏛 中國政府的監管，讓騰訊面臨逆風

騰訊的商業模式核心無疑是遊戲事業。不過，這幾年騰訊的企業戰略出現變化，原因就是**中國政府對遊戲事業的監管**。

《王者榮耀》熱賣成為社會現象雖是好事，卻引發中國政府的危機感。2017年，中國政府透過中國共產黨中央委員會機關報《人民日報》發表了「騰訊正在製造使有為青年中毒的社會弊病」的評論。

在產業方面，2018年3月～12月中國政府凍結了遊戲審查，導致這段期間不能推出新遊戲。這讓騰訊的收益蒙上陰影，也是近年股價委靡的最大因素。

由於中國政府的監管，近年騰訊的遊戲事業在營收所占比率逐漸減少，2019年7月～9月遊戲事業的營收比例下降至29%。

取代遊戲事業成長的，則是包含在營收細項③「其他」之內的金融服務，**「WeChat Pay」以及針對企業的雲端服務**。這兩項服務的合併營收達28%，幾乎已和遊戲事業不相上下。

🏛 騰訊的新使命

2019年,騰訊提出了新使命:**「用戶為本,科技向善。」**騰訊以往的使命是「透過網路的附加價值服務,提升生活品質」。

比較新舊使命,舊版使命的重心放在「個人」的生活品質,但**新版使命強調「科技向善」(讓社會變好),明確表達對待「社會」的態度。**

騰訊改變使命的理由,除了中國政府對遊戲事業的加強管制,**騰訊自身的變化也有所影響。**騰訊以QQ、WeChat等通訊平台為中心,開展了遊戲等各種事業,特別是近年營收進步顯著的金融及雲端服務。除了這些服務,騰訊也活用一直致力推行的AI醫療服務和自動駕駛,在零售業也收穫成果。這些都是「科技向善」的事業。

🏛 在零售業與阿里巴巴展開激戰

在零售業方面,騰訊成為中國第二大B2C電子商務「京東商城」的大股東,也對中國大型連鎖超市「永輝超市」出資,形成線上及實體商店一體化的集團。

然後,永輝超市也推出和阿里巴巴的「盒馬鮮生」幾乎相同經營型態的**線上融合線下新商店:「超級物種」。**

圖 3-31　何謂 OMO？

O2O
（線上線下整合，Online to Offline）

OMO

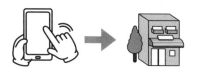

在網路上取得商品的
優惠券等。
（線上，Online）

到實體商店購買商品。
（線下，Offline）

在實體商店使用行動支付，
沒有線上線下之分。

OMO（Online Merge Offline）是指……

網路的線上商店融合線下的實體商店。
阿里巴巴的馬雲稱為「新零售」。

　　超級物種和盒馬鮮生的差異只在於，用於前者的支付系統不是支付寶，而是 WeChat Pay。兩者極為相似，因此競爭更加激烈。

　　2013 年騰訊推出行動支付服務 WeChat Pay 後，迅速獲得用戶。儘管起步落後支付寶，但後來逐漸追上，在行動支付的市占率成長至近乎並駕齊驅的水準。騰訊以 WeChat Pay 為入口，也參與了銀行和證券等金融服務事業。

　　只要能在零售業成為足以威脅阿里巴巴的存在，騰訊的股票市值應該可以再度逆轉阿里巴巴。

圖 3-32	騰訊對決阿里巴巴，在中國的OMO霸權之爭

騰訊 VS **阿里巴巴**

超級物種
在廣州店首次進行
無人機配送服務。

盒馬鮮生
在北京、深圳等中國各地
開設立150家店。

■其他頂尖企業的OMO

樂天

樂天市場

Amazon

Amazon Go

Amazon

Amazon Books

🏛 騰訊的「下一步」

　　我在百度的章節提過，中國政府推行國家建設計畫「新一代人工智慧開放創新平台」，並將「醫療影像」委託給騰訊。2017年8月，騰訊設立了集結人臉辨識等AI技術的「AI醫學影像聯合實驗室」。

　　這個實驗室做的事情很多，舉例來說，像是重新調整食道癌早期篩選臨床實驗的架構。以往的醫療影像資訊，必須仰賴醫師的技術和經驗，但導入AI後，便可

直接提高精密度。

　　同時，騰訊也積極參與醫療服務領域，將網路預約掛號、診療費支付、診療時間通知、醫院的院內導覽等功能投入AI實用。此外，還計畫透過WeChat的多元支付方式，提供病人電子處方箋，再到住家附近的藥局或在家中收取藥物的服務。

　　今後只要多累積醫療影像的資訊，並活用過去的診斷資料，或是醫院和醫師網路，就能加速開發新型醫療服務。

華為

Huawei

華為以壓倒性的技術力為武器,是BATH之中前進海外最成功的企業。進入5G時代後,華為有機會快速掌握智慧型手機領域的霸權。

解讀華為「戰略4.0」的關鍵字

🔒 **5G**

創立 > 1987 年

創辦人 > 任正非

現任執行長 > 任正非

主要事業 > 行動終端

2018 年營收 > 1,030 億美元(2 兆 8,325 億台幣)

🏛 積極公開資訊的「未上市企業」

華為在許多方面都不同於 BATH 其他三家企業，當中最顯而易見的，就是華為是沒有公開發行股票的**未上市企業**。不過，對於企業資訊的公開，華為的態度並非消極，反而比 BATH 其他成員更積極公開資訊。

在日本有販賣華為的智慧型手機和平板電腦，所以也有日文的官方網站，甚至連包含財報在內的各種資訊，也都有日文版。首先，我們就從華為的財報資料掌握概要。

🏛 一半的營收來自國外

華為的 2018 年營收是 1,030 億美元（2 兆 8,325 億台幣）。**在 BATH 之中，大幅超越阿里巴巴的 538 億美元與騰訊的 447 億美元，位居營收之冠。**

從營業利益來看，華為是 105 億美元（2,888 億台幣），儘管低於騰訊的 133 億美元，卻比阿里巴巴的 82 億美元來得高。

假如華為的股票上市，在股市又會獲得什麼評價？答案雖仍未知，但確實極可能超越現在亞洲最大市值的阿里巴巴。

華為與 BATH 其他三家企業的差異，也表現在各國營

收上。其在中國的營收是51.6%，中國以外是48.4%。
也就是說，**華為近一半的營收來自中國以外的國家及地區。**而且在2000年代前期，國外的營收還大幅超過中國國內。

阿里巴巴、騰訊、百度等企業八至九成的營收都來自中國國內，可以說**華為是前進海外最成功的中國企業。**

🏛 遲早成為全球最大的智慧型手機廠商？

華為近年的營收細項之中，最高的是「個人終端事業」的498億美元（1兆3,695億台幣），指的是以個人為主要銷售對象的智慧型手機和平板電腦等，占整體營收48.4%。這麼看來，似乎會認為華為是以智慧型手機和平板電腦為主的廠商。不過，營收第二高的「電信業者網路事業」，也高達420億美元（1兆1,550億台幣），占40.8%。

其實，直到2017年為止，占華為整體營收較高的都是電信業者網路事業。2017年，其個人終端事業是339億美元，約占整體營收的四成，電信業者網路事業則是425億美元，占五成左右。

然而這幾年，華為的智慧型手機相當暢銷。我們檢視智慧型手機廠商的銷售排名，會發現華為與第一名的三星、第二名的Apple之間差距逐漸縮小，在2018年幾乎

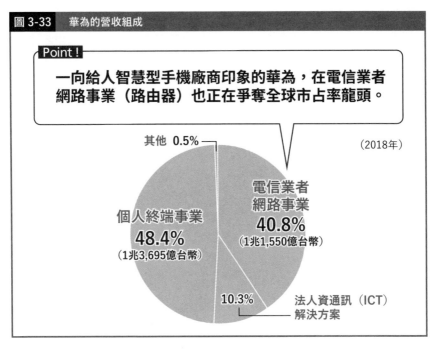

圖 3-33　華為的營收組成

Point！

一向給人智慧型手機廠商印象的華為，在電信業者網路事業（路由器）也正在爭奪全球市占率龍頭。

（2018年）

其他 0.5%

電信業者
網路事業
40.8%
（1兆1,550億台幣）

個人終端事業
48.4%
（1兆3,695億台幣）

10.3%

法人資通訊（ICT）
解決方案

和 Apple 不相上下（資料來源：市場調查機構 IDC）。到了 2019 年，已完全超越 Apple，穩坐第二，並伺機奪下三星的冠軍寶座。

　2019 年的智慧型手機全球市占率，第一名的三星是 21.6%、第二名華為是 17.6%、第三名 Apple 是 13.9%。華為只要持續這股氣勢，在智慧型手機的市占率擠下三星成為第一或許指日可待。說到 2019 年，美國商務部檯面上的政策看似針對美國企業，其實卻是針對華為實施「禁運制裁」。然而從智慧型手機的銷量來看，顯然並沒有受到經濟制裁的影響。

圖 3-34	智慧型手機銷售數量TOP 5（2019年）		
	品牌	出貨數量（萬台）	市占率
TOP 1	三星	7,820	21.6%
TOP 2	華為	6,660	17.6%
TOP 3	Apple	4,660	13.9%
TOP 4	小米	3,270	9.2%
TOP 5	Oppo	3,120	8.3%

※資料來源：市場調查機構IDC。

🏛 製造「通訊必要設備」

接下來，我會說明華為的「電信業者網路事業」，因為這是華為創業時期的主力事業，對社會造成的影響力比智慧型手機事業更大。

電信業者網路事業是指電信業所需的「路由器」或「乙太網路交換器」等設備的製造、銷售，以及保養檢查等維修服務。路由器簡單地說就是，讓電腦或智慧型手機等複數終端裝置連接網路的裝置（在家中使用

Wi-Fi的人，多數都是透過家用路由器）；乙太網路交換器則是用來建立電腦之間的連線網路。

也就是說，**華為針對電信業者（如手機公司）提供路由器等等的網路通訊必要設備。**

🏛 也在通訊裝置領域爭奪龍頭

在電信業者網路事業領域，華為也正在爭奪全球市占率龍頭。根據美國高德納公司（Gartner）的報告，2017年的企業網路設備市場中，華為的市占率從前年的第三名上升至第二名，第一名是這個領域的巨頭：美國的思科系統（Cisco Systems）。順帶一提，第三名是慧與科技（Hewlett Packard Enterprise）。

另外，隸屬於電信業領域的行動通訊基礎建設（如基地台）事業，華為是2017年的市占率龍頭，但2018年再次被瑞典的愛立信（Ericsson）擠下，退居第二（資料來源：英國IHS Markit公司）。在這個市場，是由華為、Ericsson，與芬蘭Nokia這三家公司彼此激戰。

2018至2019年，由於美國政府排擠華為產品，造成市占率下降，但華為仍憑藉行動通訊的5G全面化，再度捲土重來。

🏛 開發適合時代的產品

華為創立於1987年，起初是電話線交換器的經銷商，1989年轉型，開始自行製造交換器。1993年，成功開發出當時最先進的數位交換器。這項產品的成功，也成了華為飛躍成長的第一步。

其實，包含創辦人任正非在內的創始成員，在通訊技術方面幾乎都是門外漢。因此他們積極錄用優秀的技術人員進行研發，並磨練企業的技術力，最後促成數位交換器的開發。

華為製造的數位交換器在中國國內迅速普及，靠著建立起來的技術力以及從營收獲得的資金，華為接下來便著手開發路由器。1995年，Microsoft推出電腦作業系統Windows 95後，網路在全球越來越普遍，於是通訊的主流轉變為網路。此時需要的就是路由器。

在中國市場，路由器是美國的思科系統掌握壓倒性的市占率。而到了2000年代，華為開始急速成長。打從數位交換器的時代，「低價戰略」一直是華為的武器。在大量銷售的巨大中國市場裡，低價戰略非常有效。於是，2000年代前期，華為成為中國市占率之冠。

🏛 擁有獨特原創性的中國企業

　　華為成功的背後原因在於，**跟國外的產品比起來，製造品質和功能毫不遜色的高水準技術力。**創業、變成製造商至今，華為經常將研發視為最優先，每年投入年營收10%以上的研發費。2018年，華為的研發費為145億美元（3,988億台幣），這已是**足以與Apple匹敵的研發費。**

　　這份態度也表現在專利數量。華為申請了許多國際專

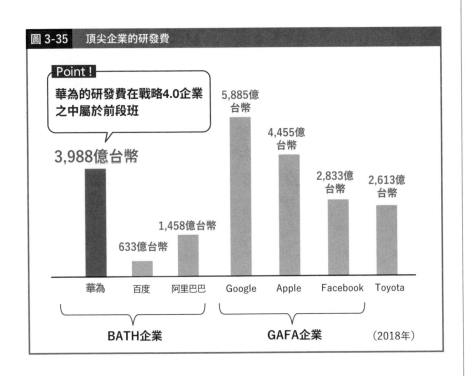

圖 3-35　頂尖企業的研發費

Point！

華為的研發費在戰略4.0企業之中屬於前段班

3,988億台幣

633億台幣

1,458億台幣

5,885億台幣

4,455億台幣

2,833億台幣

2,613億台幣

華為　百度　阿里巴巴　Google　Apple　Facebook　Toyota

BATH企業　　　　GAFA企業　　　（2018年）

利，2014和2015年的專利數量是世界第一，2016年則是第二。儘管華為有過複製國外產品的時期，但很早就達到世界級的技術水準。2000年代前期，國外市場的營收比例超過五成，便是最佳證明。

如今，華為已是全球認定擁有最先進科技的企業。BATH其他三家企業採取的策略是模仿先行者GAFA的商業模式，並改造成適合中國的模式以獲得成長。相較之下，更能突顯華為的獨特所在。

🏛 華為的「下一步」

提到現在的華為，就不能不提5G。在行動通訊的基礎建設方面，華為與Ericsson、Nokia互相爭奪市占率；但在5G的相關技術力方面，華為超越了這兩家競爭對手，尤其是做為通訊接點的基地台數量，更是遙遙領先。

然後，華為大幅改變5G等通訊事業戰略的路線，也就是**著手開發獨立作業系統「鴻蒙」（HarmonyOS）**。以往華為並未經手開發作業系統，一直都是做為通訊設備、智慧型手機、平板電腦等裝置的製造商，卻在2019年7月發表了獨立規格的鴻蒙系統。

雖然鴻蒙系統是用於家電和自駕車等IoT（物聯網）的作業系統，但在Google的Android系統因美國管制而無法搭載於華為產品的情形下，鴻蒙系統也能搭載於智

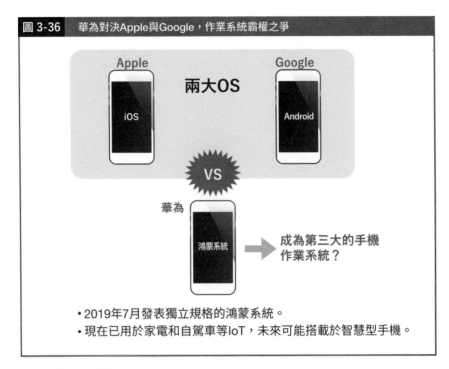

圖 3-36 華為對決Apple與Google，作業系統霸權之爭

Apple
Google

兩大OS

iOS

Android

VS

華為

鴻蒙系統 → 成為第三大的手機作業系統？

・2019年7月發表獨立規格的鴻蒙系統。
・現在已用於家電和自駕車等IoT，未來可能搭載於智慧型手機。

慧型手機。

這麼一來，鴻蒙系統很有可能成為**繼Apple的iOS、Google的Android之後，第三大的智慧型手機作業系統。**

只要鴻蒙系統能在5G基地台的應用達到最佳化，華為製造的智慧型手機便可擁有功能上的優勢。若三星這類的廠商也開始採用鴻蒙系統，就會形成很大的商業生態系。華為改變智慧型手機產業版圖的那一天，也許將要來臨。

軟銀集團

SoftBank Group

在日本民眾的普遍認知中，軟銀是電信公司。然而，以投資公司的觀點來解讀軟銀集團的「群戰略」，就能更清楚掌握其全貌。

解讀軟銀「戰略 4.0」的關鍵字

🔒 **群戰略**
🔒 **AI**

創立 ＞ 1981 年
創辦人 ＞ 孫正義
現任董事長兼社長 ＞ 孫正義
主要事業 ＞ 資訊通訊
2018 年 4 月～ 2019 年 3 月營收 ＞ 9 兆 6,022 億日圓（2 兆 4,006 億台幣）

🏢 「軟銀」與「軟銀集團」的差異

說到軟銀集團，要先從公司組織的結構開始說明。2015年7月，日本廣為人知的電信公司「軟銀」（SoftBank）更名「軟銀行動」（SofBank Mobile），並沿用至今。母公司的控股公司名稱也從「軟銀」變成「軟銀集團」。2018年12月，軟銀股票上市。

因此，現在東證一部＊有純控股公司「軟銀集團」和日本電信公司「軟銀」兩張股票上市。軟銀集團的市值排名第四，軟銀則是第七（2020年3月17日）。

🏢 成為「純控股公司」的軟銀集團

軟銀集團是所謂的「純控股公司」，這是指不從事製造、銷售等事業，保有集團公司（子公司）的股票，並管控子公司事業活動的公司。

純控股公司的任務是擬定整體戰略，像是消除子公司之間重複的事業領域，若是對集團有加乘效果的企業，就出資收購，使其成為子公司。軟銀集團旗下的子公司有：軟銀（之下還有雅虎的控股公司「Z控股」）、美

＊ 譯注：東京證券交易所簡稱「東證」，上市公司股票分為市場一部與市場二部。東證一部相當於東京股市大盤，主要由大型公司股票組成，東證二部則由中小型公司及高成長新創公司股票組成。

國電信業者「斯普林特」（Sprint）、英國研發半導體及處理器之智慧財產的「安謀控股」（ARM）等。2019年3月底為止，軟銀集團附屬的子公司和聯營公司總數量竟多達1,703家。不只是在日本國內，也已形成包含國外大型企業在內的巨大企業集團。

此外，做為控股公司的軟銀集團還設立了「軟銀願景基金」，積極投資全球有前途的企業。

🏛 投資事業的利益占五成

檢視軟銀集團的財報資料，會發現相當驚人的內容。2018年4月～2019年3月的營收是9兆6,022億日圓（2兆4,006億台幣），與前一年相比增加了4.8%。其中，營業利益是2兆3,539億日圓（5,885億台幣），比前一年大幅增加了80.5%！理由就在於上述投資事業得來的龐大利益。「軟銀願景基金」的獲利竟高達1兆2,566億日圓（3,141億台幣），占營業利益的五成多（53.4%）。

觀察近年的業績變動，做為主力的通訊事業「軟銀事業」營收穩定成長，但智慧型手機已接近飽和狀態。然而，自2016年起，**軟銀集團的營業利益因投資事業的利益，獲得大幅提升。**

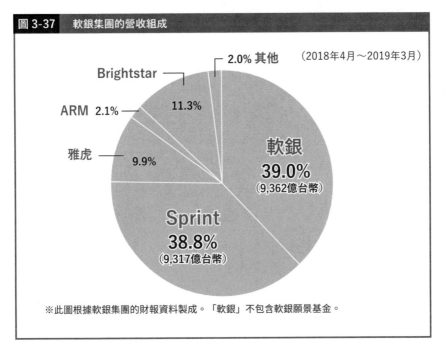

圖 3-37 軟銀集團的營收組成

（2018年4月～2019年3月）

2.0% 其他

Brightstar — 11.3%

ARM 2.1%

雅虎 — 9.9%

軟銀
39.0%
（9,362億台幣）

Sprint
38.8%
（9,317億台幣）

※此圖根據軟銀集團的財報資料製成。「軟銀」不包含軟銀願景基金。

🏦 投資事業自創業以來，首度出現赤字

令人驚訝的事不只如此。2019年4～9月的財報顯示，軟銀集團的營業利益竟是負156億日圓（39億台幣）的赤字。投資事業的營業損失高達5,726億日圓（1,432億台幣），吞沒了軟銀和斯普林特等旗下事業的利益。

2018年4～9月的營業利益是1兆4,207億日圓（3,552億台幣），其中投資事業為6,324億日圓（1,581億台幣）。也就是說，跟2018年4～9月比起來，2019年同

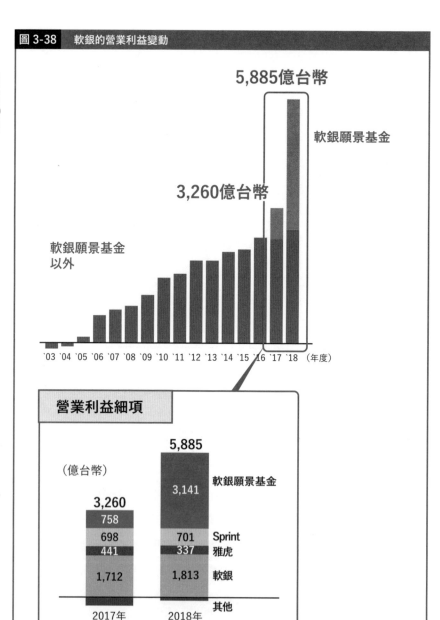

圖 3-38 軟銀的營業利益變動

5,885億台幣

軟銀願景基金

3,260億台幣

軟銀願景基金
以外

'03 '04 '05 '06 '07 '08 '09 '10 '11 '12 '13 '14 '15 '16 '17 '18 (年度)

營業利益細項

（億台幣）

	2017年	2018年
軟銀願景基金		3,141
	758	
Sprint	698	701
雅虎	441	337
軟銀	1,712	1,813
其他		
合計	3,260	5,885

※此圖根據軟銀集團2018年4月～2019年3月財報會議的資料製成。

254

期的整體營業利益竟減損了1兆4,363億日圓（3,591億
台幣）。

軟銀集團的這份財報，大大震驚了日本社會。在財報
會議上，軟銀集團董事長兼社長孫正義先生劈頭便說：
「這次的財報很糟糕，出現極大赤字，季度財報有這樣
的赤字，可說是創業以來第一次。」這番言論立即成為
新聞話題。

那麼，為何會產生如此巨額的利益和損失呢？

🏛 投資公司的股票估值，反映在損益上

軟銀集團的投資事業是「基金」形式，所以營業損益
會受到投資企業的股票估值影響（估值在會計上稱為
「公允價值」）。每到結算，若投資企業的公允價值比
前期高，就會出現利益，反之則會造成損失。若是上市
股票，公允價值就是股價；若是未上市股票，則根據確
立的評價方式，獨立估算其價值。

在2019年4〜9月的財報，軟銀願景基金所投資的企
業之中，公允價值減少的股票為22家，增加者為37家，
剩下的29家持平。估值減少的股票包含美國的「Uber」、
通訊軟體「Slack」等企業，都是股票上市後，股價下跌
的企業。此外，預定股票上市的美國「WeWork」延後
上市，導致公允價值大幅下降。

這樣的投資狀況，便是軟銀集團營業利益大幅減少的原因。

🏛 軟銀集團是「戰略性的控股公司」

總值986億美元（2兆7,115億台幣）的軟銀願景基金，其運用金額的規模可說是全球獨一無二的巨大。當中，軟銀集團的出資高達9,103億台幣。

也就是說，**軟銀願景基金整體的估值只要變動10%，對軟銀集團的營業損益就會造成900億台幣的變動。**

而且軟銀願景基金有個特徵，就是會集中投資有「獨角獸企業」之稱的「估值10億美元以上的未上市企業」當中的AI相關新創企業。雖說是新創企業，但和創業時間很短的草創企業不同，若無法按照計畫股票上市，估值就會明顯減少。

像這樣因為投資事業而對業績造成莫大影響的情形，**強化了軟銀集團是「投資公司」的形象。**其實，孫正義先生便將軟銀集團視為「戰略性的控股公司」，承認是投資公司。

🏛 軟銀集團的成長史，就是投資事業的歷史

回顧過往，**孫正義先生創立軟銀集團的歷史，可說就是投資公司的歷史。**

1981年9月，孫正義先生設立了軟銀集團的前身「日本軟銀」，從事電腦套裝軟體的配銷事業，並成功建立從日本各地採購各種套裝軟體、銷往全國店家的配銷網。1990年7月，公司更名「軟銀」；1994年7月在店頭市場（或稱櫃檯買賣市場）公開發行股票。

接著，將公開發行股票得到的資金，用來收購美國企業的展覽部門。1995年11月，又在展覽部門的公司社長介紹下，投資美國雅虎。

當時，軟銀投資剛創業的美國雅虎200萬美元，之後不斷追加資金，成為大股東，最終投資金額高達2億5,000萬美元。

1996年，成立日本法人雅虎，隔年11月在店頭市場公開發行股票，1998年1月在東證一部上市。這時候的軟銀，確立了自己的投資事業模式，也就是將投資獲得的企業股票做為擔保，申請新的借貸，再向其他企業出資、獲得股票，如此調度資金。

2000年，軟銀集團投資中國的阿里巴巴20億日圓；2004年收購日本Telecom，加入固網通訊事業；2006年收購英國沃達豐集團（Vodafone），加入手機事業。

儘管失敗的投資不少，**關鍵的大型投資案倒是屢屢獲得成功。軟銀集團可說是自然而然就透過軟銀願景基金展開了正式的投資事業。**

🏛 軟銀集團的「群戰略」

軟銀集團的中長期經營戰略是**「群戰略」**，這是**軟銀集團特有的經營戰略**。孫正義先生明確地說：「群戰略是讓在特定領域擁有優秀技術或商業模式的多個企業能自律地執行決策，並透過資本關係與志同道合者的結合，創造協同效應，以持續共同進化、成長為戰略目標。」

「與志同道合者的結合」這句話可能不太好理解，這裡稍做補充：「軟銀集團做為戰略性的控股公司，對構成群體的各企業決策造成影響之餘，也重視個別企業的自律性，因此出資比例不會過半，也不打算整合為統一品牌。」

也就是說，是**以控股公司的身分建立資本關係，卻不管控出資的企業；針對各項事業，則是以投資企業的經營自由度為優先**。這種做法促進各企業的成長，提升集團整體的加乘效應，比起以往的控股公司，軟銀集團的態度大有不同。

具體實現群戰略的，就是軟銀願景基金。前文已提到

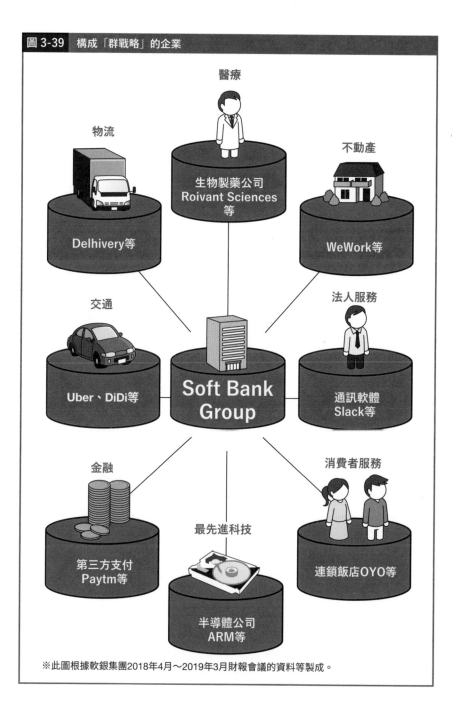

圖 3-39　構成「群戰略」的企業

醫療

物流

生物製藥公司
Roivant Sciences
等

不動產

Delhivery等

WeWork等

交通

法人服務

Uber、DiDi等

**Soft Bank
Group**

通訊軟體
Slack等

金融

消費者服務

第三方支付
Paytm等

最先進科技

連鎖飯店OYO等

半導體公司
ARM等

※此圖根據軟銀集團2018年4月～2019年3月財報會議的資料等製成。

其投資對象是獨角獸企業，即「估值10億美元以上的未上市企業」，而且必須是各事業領域中的翹楚。這項條件就相當於孫正義所言的「在特定領域擁有優秀技術或商業模式的多個企業」。

構成群戰略的集團企業是各領域之冠，有了這個定位，就能強化「群體」的競爭力——可以說，群戰略就是「商業生態系」的商業模式。

2019年，孫正義先生以「AI群戰略」一詞表明：**大力投資AI相關企業，將是軟銀願景基金今後的方針。**在經營戰略上，「AI融入各種商業模式，刷新了創造價值的方式，使得許多產業被重新定義。」孫正義先生確信AI會改變所有產業結構。

🏛軟銀集團的「下一步」

軟銀集團將AI群戰略視為最重要的戰略，以AI為中心的社會潮流，將會對該公司的未來造成很大的影響。這股潮流就是「AI民主化」。

AI民主化是指任何人都能使用AI。目前Google、Amazon、百度等企業，也將其當作重要的競爭戰略。

以往只有GAFA或BATH等擁有高科技的部分企業受惠於AI。但現在，Google和Amazon推行AI民主化，試圖建立AI的開放平台，讓全球更多人、組織都能更

容易使用AI。這樣的情勢對積極採取AI群戰略的軟銀集團來說，是莫大良機，但也可能轉為威脅。因為AI群戰略是以成為「AI強者」為目標。

　　若AI民主化與AI群戰略在競爭戰略的立場由「差異」轉為「對立」，可能就會成為軟銀集團的阻礙。

⌕ 關鍵字解說 > 4

無現金化
Cashless

2018年起，Line Pay、樂天Pay、軟銀集團的PayPay等智慧型手機App的「行動支付服務」接連出現，「無現金社會」一詞也因此受到世人關注。

首先，我針對無現金化造成的「經濟優點」進行說明，主要和金融機構有關。現金的運輸和搬運必須耗費莫大成本，ATM的移入移出幾乎天天進行，警衛的人事費也是不小的金額；此外，人手少的零售店或餐飲業，確認收入、收款、付款也是很大的負擔。根據野村綜合研究所的調查，95%的店家每天要確認每一台收銀機的收銀現金餘額一次以上，一家店每天確認收銀現金餘額，平均要花153分鐘（出處：《針對推動無現金化，認識國內外的現狀》，野村綜合研究所）。隨著無現金化的發展，只要現金支付減少，這些成本也會減少。瑞穗金融集團試算，社會使用現金消費而產生的費用，約為8兆日圓（2兆台幣）。若無現金化變得普及，就能減少數兆日圓規模的成本。

接下來，我要說明戰略4.0中「無現金化的意義」。現在經營行動支付的企業，每個月都會推出各種活動。這麼做

的目標很明確，就是為了比競爭對手獲得更多用戶，提高自家行動支付的使用頻率。有些企業因激烈的競爭，導致主體的營業利益衰退，但即便如此仍致力發展行動支付。這是因為對企業來說，行動支付可以獲得珍貴的資料。

　　資料指的就是用戶「何時在哪裡、做了什麼」的顧客行動資料。行動支付是以App付款，只要透過智慧型手機內建的GPS，就會記錄用戶的「位置資訊」。在這種狀況下使用行動支付，企業就能獲得「何時在哪裡、買了多少錢的東西」這類行動資料。

　　線上的電子商務很容易就能取得用戶的購買紀錄，但經營電子商務的企業卻難以取得用戶的線下行動紀錄。即使是掌握壓倒性市占率的Amazon也無法改變這種情形。因此，獲得用戶外出時的購買資料，便成為行動支付企業的一大目的。Line、樂天、軟銀、NTT Docomo、Mercari等經營行動支付的企業，幾乎都已推出了平台型商務。有了自家平台累積的大數據，再加上包含位置資訊在內，從前難以獲得的線下購買資料，就能針對用戶進行精密行銷，進而擴大自己的經濟圈。

索尼

Sony

過去曾是日本代表性企業的Sony，近年成功擺脫經營危機、起死回生。究竟這間公司是如何復活的呢？今後又會朝哪個方向發展？讓我們一起來解讀Sony的戰略4.0。

解讀 Sony「戰略 4.0」的關鍵字

🔒 **雲端**
🔒 **訂閱制**

創立 ＞1946 年
創辦人 ＞盛田昭夫、井深大
現任董事長兼執行長 ＞吉田憲一郎
主要事業 ＞遊戲
2018 年 4 月～ 2019 年 3 月營收 ＞8 兆 6,657 億日圓（2 兆 1,664 億台幣）

🏛 曾經的「卓越企業」恢復榮景?

說到在日本上演驚奇大復活的企業,莫過於 Sony 了。該企業曾經遭逢經營危機,最後卻成功東山再起,重新成為頂尖企業。

Sony 在 2018 年 4 月～ 2019 年 3 月的營收是 8 兆 6,657 億日圓(2 兆 1,664 億台幣),在日本國內企業排名第 11 (2019 年 9 月底),營業利益是 8,942 億日圓(2,236 億台幣),排名第六。

雖然營收只比前一年增加了 1%,營業利益卻增加了

圖 3-40	日本國內營業利益TOP 10企業	
	企業名稱	營業利益(台幣)
TOP 1	Toyota	6,169億
TOP 2	軟銀集團	5,885億
TOP 3	NTT	4,235億
TOP 4	KDDI	2,534.25億
TOP 5	NTT Docomo	2,534億
TOP 6	Sony	2,236億
TOP 7	Hitachi	1,888億
TOP 8	Honda	1,816億
TOP 9	軟銀	1,799億
TOP 10	JR東海	1,775億

(2018年4月～2019年3月)

22%，這表示該企業是容易獲利的體質，因此也在股市獲得高評價，市值擠入第六名（2020年3月17日）。

🏛 數年前面臨經營危機

從現況實在難以想像，**2000年代的Sony曾經遭逢一連串的苦難。**最令人印象深刻的，就是2003年4月的「索尼震撼」（Sony Shock）。當時公布的2002年4月～2003年3月財報，大幅低於以往的預測金額，讓Sony的股價連續兩天跌停，影響也波及整體股市。財報公布數日後，日經平均股價甚至下跌至泡沫經濟破滅後的最低價7,603日圓。隔年度的2003年4月～2004年3月，收益同樣大幅減少。

後來，Sony的業績始終不見好轉，儘管提出強勢的業績預估，卻陷入不斷下修的惡性循環。2008年4月～2009年3月的營業利益、淨利皆為赤字。在2015年4月～2016年3月轉虧為盈之前，共七年的營收之中，長達六年都是赤字狀態。尤其是2010年4月～2011年3月的淨利為負2,612億日圓（653億台幣），2011年4月～2012年3月為負4,550億日圓（1,138億台幣），在連續出現巨額赤字的時期，落入幾乎破產的處境。

🏛 透過「公司改組」，Sony大復活

那麼，瀕死狀態的Sony是如何復活的呢？答案的線索就在於，**2012年從副社長升任代表董事兼執行長的平井一夫先生，積極實行「公司改組」。**

在日本，公司改組經常被視為所謂的「裁員」，帶有縮減人員或縮小事業的負面印象。不過，其原意是**「事業的重新建構」**，其實是施行虧本事業的縮小、再造、撤退等對策，並將經營資源集中在賺錢事業或高收益事業的積極戰略。平井先生徹底實行了這個戰略。

他果斷做出各項決定，像是賣掉2000年代初期以「Vaio」電腦做為收益支柱、打出名號的電腦部門，以及將歷史悠久的電視部門分拆等等。此外，也處理掉名下的美國和日本辦公大樓等資產價值高的不動產，在強化財務體質的同時，最終也裁員約二萬人。

其實，**Sony業績下滑的時期，營收基礎的狀況並沒有這麼悲慘。**發生Sony震撼的2002年4月～2003年3月，全期營收仍有7兆4,736億日圓（1兆8,684億台幣）。可是，營業利益只有1,854億日圓（464億台幣），銷售淨利率僅2.5%。也就是說，**Sony的經營當中，存在著莫大的「浪費」。**

上市以來最慘烈的連續四年赤字，在執行長平井先生的公司改組之下，Sony終於在2017年4月～2018年3月，

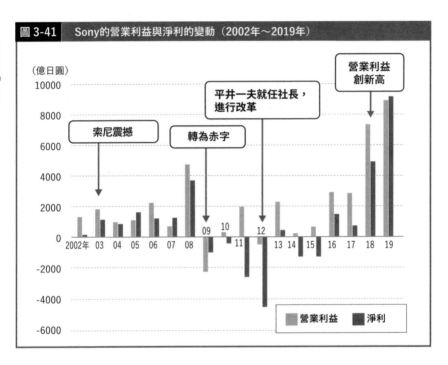

圖 3-41　Sony的營業利益與淨利的變動（2002年～2019年）

（億日圓）

營業利益
創新高

平井一夫就任社長，
進行改革

索尼震撼

轉為赤字

營業利益　淨利

睽違二十年刷新了史上最高的營業利益，銷售淨利率也回升至10.3%。

🏛 「世界最大規模」的遊戲公司

目前構成Sony營收的項目涉及多個領域。當中，營收最高的「遊戲部門」為2兆3,109億日圓（5,777億台幣），占整體的26.7%，比次高的「金融」營收1兆2,825億日圓（3,206億台幣）高出將近一倍。簡而言之，

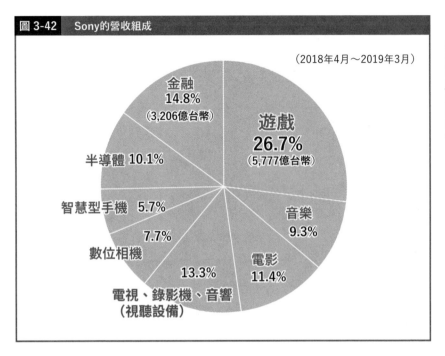

圖 3-42　Sony的營收組成

（2018年4月～2019年3月）

金融
14.8%
（3,206億台幣）

半導體 10.1%

智慧型手機　5.7%

7.7%
數位相機

13.3%
電視、錄影機、音響
（視聽設備）

遊戲
26.7%
（5,777億台幣）

音樂
9.3%

電影
11.4%

Sony成了一間「遊戲公司」。

　　事實上，Sony是全球數一數二的遊戲公司。在日本國內穩坐龍頭寶座，2018年4月～ 2019年3月的營收大幅領先第二名任天堂的1兆2,600億日圓（3,150億台幣）。至於在全球方面，Sony正與中國的騰訊展開奪冠之爭。

　　比較遊戲公司規模的基準有各種指標，而且基準依調查公司而異，無法一概而論。但，根據遊戲市場調查機構「Newzoo」的調查，2018年營收第一名是騰訊的187

億美元（5,143億台幣），第二名是Sony的142億美元（3,905億台幣）。

Newzoo只有統計電腦遊戲與「串流遊戲」，並未包含遊戲主機等硬體設備，由此看來，**Sony無疑是全球最大的遊戲公司**。

🏛 2010年推出訂閱制

1994年12月，Sony推出第一代遊戲主機「PlayStation」（下稱PS），從此開展遊戲事業。

從主機發售開始的很長一段時間以來，收益只有來自主機硬體設備和遊戲軟體的營收。然而，2010年6月推出的「PlayStation Plus」（下稱PS Plus）帶來了重大轉變。PS Plus是一種付費會員服務，用戶只要支付定額費用，就可以在一定期間內自由下載遊玩特定遊戲。

起初Sony在2006年針對PS用戶，提供可在線上和其他用戶一起玩遊戲的網路服務，**正是透過PS Plus，將網路當作平台，並導入訂閱制服務**。

PS Plus每個月都會增加幾款免費下載遊玩的遊戲。而且，就算是以前發售的遊戲，只要在該遊戲免費期間成為會員就能下載。也就是說，**成為會員的期間越長，可以玩的遊戲就會越多**。

🏛 遊戲事業的訂閱制服務，帶來穩定收益

這項服務推出後，大受用戶歡迎。2019年3月底，PS Plus的用戶在全球達到約3,500萬人，**成長為全球最大的訂閱制遊戲服務。**

以往的遊戲事業容易受到硬體的銷售數量或遊戲軟體的製作數量等因素影響，人們認為是收益不穩定的一門生意。只要推出新款遊戲主機，營收就會急速增加，但當遊戲的發售延期，營收也會跟著變差。

因此，**Sony早早就將遊戲事業導入訂閱制商業模式，成功穩住收益**，成為讓公司改組成功的重要因素之一。

🏛 參戰遊戲事業的Google

在全球的遊戲市場，除了騰訊以外，還有用遊戲主機「Xbox」正面迎戰的Microsoft，以及Apple等強敵環伺。

接著，人們稱將「改變遊戲規則」（game changer）的Google也正式參戰。改變遊戲規則指的是「擁有能夠改變以往競爭規則的影響力」。2019年11月，Google推出「Stadia」這項新服務。

以往，遊玩遊戲都必須下載遊戲軟體。而Stadia是Google雲端提供的遊戲平台，用戶只要用自己的電腦或手機連線至Stadia，即使沒有專用的遊戲主機，也能

遊玩遊戲。實際上，Stadia的遊戲是在外部的雲端運作，基本上電腦或智慧型手機只要負責播放遊戲影像。

🏛 Sony也搶先推出「串流遊戲」

不過，像Stadia那樣在雲端玩遊戲的「串流遊戲」（streaming game）或「遊戲串流」早已存在了。

2015年1月，Sony推出的「PlayStation Now」（下稱PS Now）正是串流遊戲。而Microsoft和半導體廠商「NVIDIA」也紛紛推出了串流遊戲的試用服務。因此，串流遊戲並不新奇。

那麼，Stadia為何會受到關注？這是因為**Google擁有強大的雲端功能**。串流遊戲如果沒有資訊處理能力高、容量大的雲端，就無法順暢運作。以往串流遊戲的影像畫面較不流暢，正是因為雲端功能有限。Google的雲端功能是全球最高水準，應該可以消除這些限制，有望完美實現串流遊戲。

🏛 Sony的「下一步」

今後，**遊戲市場的主流無疑是串流遊戲**。Sony能否在遊戲市場掌握霸權，仍是未知數。

現在，Google Stadia是按月收費的訂閱制服務，但據

說在2020年會推出免費會員服務[*]。

另一方面，Sony在Google推出Stadia之前，就將PS Now的訂閱費用減半。執行長吉田憲一郎也曾提及在串流遊戲領域要與Microsoft合作，即「Sony + Microsoft」對抗Google。也許他意識到了，單獨掌握霸權並不容易，因而才有這樣的構想。

另外，在2020年1月的全球最大消費電子展「美國CES」中，Sony首次公開電動概念車「Vision-S」。其車體搭載Sony開發的各種車載感測器，偵測車內外的人和物體，藉以實現高階的駕駛輔助。

同樣身為半導體廠商的Sony，透過數位相機等產品的影像感測器，建立起技術優勢，並活用其技術力，將目標放在自駕車不可或缺的感測器市占率上。

若Sony能成為自駕車領域的要角，應該會帶來自復活以來的再一次強大成長。

---

* 編注：2020年4月，Google Stadia推出兩個月免費試用服務。

影像感測器&生物辨識技術
Image Sensor & Biometrics

半導體是Sony的主力事業，創造了10%的營收以及近20%的營業利益。雖說是半導體，但也包括各種工業產品，當中有個強項，名為「CMOS（互補式金屬氧化物半導體）影像感測器」。

CMOS影像感測器是將光線轉換為電子信號後進行影像化的半導體，用於數位相機和智慧型手機。若說相機的鏡頭相當於人類眼睛的水晶體，那麼CMOS影像感測器就如同視網膜。Sony是CMOS影像感測器的最大企業，全球市占率超過五成。尤其，搭載於智慧型手機的是以需要高度技術的「背照式」CMOS影像感測器為主流，而全球首先實行量產的，正是Sony。

Sony已成功製作出堆疊式（stacked）CMOS影像感測器，並在堆疊結構中導入AI功能。在感測器內導入AI的裝置，就稱為「邊緣AI」（Edge AI）。

據說邊緣AI實現後，機器人會變得更像人類，因為機器人眼睛搭載的影像感測器具有智慧功能，將來甚至能感測到人類無法感測的資訊。除了視覺以外，若將這種感測器

用於聽覺或嗅覺，就會越來越像人類吧。

對這些感測器而言，不可或缺的就是線上融合線下的「OMO」。

以 Amazon 的無人商店 Amazon Go 為例，走進店內前只要用手機 App 感應入口閘門，據說就會被店內三千至五千台相機追蹤，持續監視「拿了什麼商品」、「有無放進口袋」，並在出店時自動進行線上支付。Amazon Go 在店內鎖定追蹤消費者時，並未使用人臉辨識技術，這應該是基於隱私權的考量。

日本正在研發以人體特徵進行個人辨識的「生物辨識」，指的就是透過人臉、指紋、掌紋、虹膜等各自對應的感測器進行辨識。

永旺集團（Aeon）在自家集團超商「Mini Stop」開始推出「手掌靜脈辨識」支付服務的實驗。消費者只要將手掌對著收銀台的掃描螢幕，就能完成辨識及支付，不必帶錢包或信用卡，就連手機也不需要，完全是「空手購物」的狀態。

這個系統使用了富士通辨識技術，透過手機便可「註冊」手掌的靜脈。日本的辨識技術在全球具備一定水準，可望對「OMO」或智能城市的實現帶來優勢。

迅銷集團

Fast Retailing

日本最大的服飾企業迅銷集團提出了「資訊 × 製造零售業」
的新方針。我們來解讀迅銷集團的戰略 4.0，探尋其下一步。

解讀迅銷集團「戰略 4.0」的關鍵字

🔒 **大數據**
🔒 **AI**

創立 > 1963 年
現任董事長兼社長 > 柳井正
主要事業 > 服裝
2018 年 9 月～ 2019 年 8 月營收 > 2 兆 2,905 億日圓（5,726 億台幣）

🏛 掌握日本服飾市場四分之一的市占率

推出「Uniqlo」（優衣庫）的迅銷集團，是日本最大的服飾企業，2018年9月～2019年8月的營收是2兆2,905億日圓（5,726億台幣）。2018年日本國內服飾業市場規模為9兆2,239億日圓（2兆3,060億台幣），**迅銷集團的營收是市場的24.8%，幾乎占了四分之一的市占率。**

日本國內的服飾市場正經歷蕭條期，呈現持續停滯。尤其是過去握有最大市占率的百貨公司，營收嚴重下跌，2018年是1兆7,945億日圓（4,486億台幣）。迅銷集團一家企業，就大幅超過所有百貨公司的營收合計。

🏛 與世界第一的Zara仍有極大差距

在全球的服飾業界（請參閱圖3-43），迅銷集團的營收為第三名。第一名是來自西班牙、旗下包含「Zara」等品牌的Inditex，其營收是289億美元（7,948億台幣），與迅銷集團之間的差距相當巨大；第二名是經營「H&M」的H&M（Hennes & Mauritz），營收為215億美元（5,912億台幣），跟迅銷集團不相上下。

比較各國企業的營收時，會隨著匯率不同而有所變動，所以也可以說，H&M和迅銷集團並列第二。

不過，股票市值就不是那麼一回事了。目前，迅銷集

圖 3-43　全球的服飾企業營收排名

		企業名稱	營收（台幣）
TOP 1		Inditex（Zara）	7,948億
TOP 2		H&M	5,913億
TOP 3		迅銷集團	5,720億
TOP 4		Gap	4,565億
TOP 5		L Brands	3,630億
TOP 6		PVH（Calvin Klein、Tommy Hilfiger）	2,668億
TOP 7		Ralph Lauren	1,733億
TOP 8		Next	1,403億
TOP 9		American Eagle Outfitters（AEO）	1,100億
TOP 10		Abercrombie & Fitch（A&F）	990億

※此表根據迅銷集團官網資料（2019年10月18日）製成。

圖 3-44　日本國內的服飾企業營收排名（2018～2019年）

		企業名稱	營收（台幣）
TOP 1		迅銷集團	5,726億
TOP 2		思夢樂（Shimamura）	1,365億
TOP 3		青山商事	626億
TOP 4		World	625億
TOP 5		恩瓦德集團（Onward Holdings）	602億
TOP 6		愛德利亞集團（Adastria）	557億
TOP 7		華歌爾	486億
TOP 8		青木控股（Aoki Holdings）	485億
TOP 9		TSI控股（TSI Holdings）	413億
TOP 10		良品計畫	404億

※此表根據「業界動向調查」排名製成。　※良品計畫的營收是衣服與生活雜貨事業合計。

團的市值已領先H&M，正在追上Inditex。話雖如此，
Inditex的市值為2兆9,490億元（台幣），迅銷集團是1
兆6,439億元，H&M是9,189億元，三者之間依然存在
著一段差距（2020年1月）。

🏛 Uniqlo國際事業發展絕佳，就要追上Zara？

迅銷集團極有可能追上有「絕對王者」之稱的Indi-
tex，理由就是 **Uniqlo 的國際事業持續高度成長**。

2001年9月，Uniqlo首次進軍國際，在倫敦設店，之
後又積極在各國設店，做為結果，2017年9月～2018年
8月Uniqlo國際事業營收為8,960億日圓（2,240億台幣），
首次超越國內事業的8,648億日圓（2,162億台幣）。而
且國外的營業利益是1,189億日圓（297億台幣），和國
內的1,190億日圓幾乎不分高下；從淨利率來看，也和
國內的水準相當。2018年9月～2019年8月，Uniqlo國
際事業的營收達到1兆260億日圓（2,565億台幣），大
幅超越國內的8,730億日圓（2,183億台幣）。比起前一
年，Uniqlo國際事業的營收增加26.6%，營業利益也增
加了62.6%，可謂發展絕佳。

無論哪個業種，對任何企業來說，要讓國際事業成為
毫無浪費的高收益體質都是一大難題，迅銷集團卻成功
克服了。後文也會詳述**迅銷集團的目標是更進一步的**

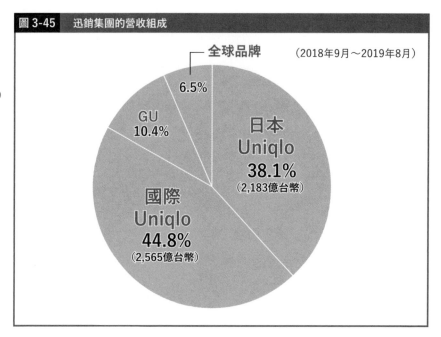

圖 3-45　迅銷集團的營收組成

全球品牌　（2018年9月～2019年8月）

6.5%

GU
10.4%

日本
Uniqlo
38.1%
（2,183億台幣）

國際
Uniqlo
44.8%
（2,565億台幣）

「**效率化**」。Uniqlo國際事業成為新經濟增長點，大有追擊王者Inditex的態勢。

從製造業移植而來的「SPA」模式

全球的服飾巨頭都採用同樣的商業模式，那就是「SPA」，即「自有品牌專業零售商」。意思是從商品的企畫、生產到銷售，全都自行包辦的商業模式。

最早開始採用SPA的是美國的Gap公司。1986年，當時的Gap社長用「Speciality Retailer of Private Label Apparel」說明自家公司的經營模式，意即「銷售自有品

牌的服飾專賣店」，並取關鍵字首字母，簡稱SPA。

以往在服飾業界，商品的企畫（設計）、生產與銷售通常是由不同公司負責，直到今天，主流仍是個別分開執行。而SPA是製造業的主流模式，是從產品的開發到生產、銷售的過程，全都由自家公司或集團完成的「垂直整合」商業模式。GAP將其導入服飾業界，由於大獲成功，美國企業陸續採用SPA，像是「Ralph Lauren」、「American Eagle Outfitters」、「Abercrombie & Fitch」等在日本廣為人知的企業等都是如此。

🏛 「GU」的創立，改變了Uniqlo的形象

迅銷集團的創立要回溯至1949年3月，現任董事長柳井正的父親，柳井等先生在山口縣開設的男裝店。1984年6月，柳井正就任董事長，在廣島開設了Uniqlo一號店。

1990年代後半，Uniqlo開始轉型為SPA模式，慢慢增加自行企畫、生產「自有品牌」商品的比例。1998年秋冬，推出了早期暢銷商品，售價1,900日圓的刷毛衣。之後，Uniqlo創造了「發熱衣」（Heattech）、「科技空氣衣」（AIRism，剛推出時的名稱是Sarafine）、「特級極輕羽絨」（Ultra Light Down）等熱賣商品，售價皆低於市面既有的商品，讓「Uniqlo＝平價服飾」的形象

滲透整個社會。這個品牌形象隨著迅銷集團成立子公司「GU」後,開始做出調整。

GU提供比Uniqlo更低價的休閒服飾,反而令消費者意識到Uniqlo商品的性價比很高。

🏛 「高性價比」獲得消費者的支持

Uniqlo最大的特徵,莫過於壓倒性的「高性價比」。比起其他服飾企業,Uniqlo的「成本率」是比較高的。成本率是指商品的售價中所占的材料費比例,假設同一個商品的售價相同,成本率越高代表品質越好。**舉例來說,百貨公司販售的衣服成本率平均為20%左右,Uniqlo卻高達35%。**

由於商品售價還包括物流費和銷售相關的人事費等費用,因此,**以有利於降低成本的SPA模式製造出來的Uniqlo或GU商品,會與其他品牌商品形成更大的性價比差距**。「正因為是SPA模式,即便商品的成本率高,也能提升收益。」這麼說或許比較正確。因消費者重新認識到Uniqlo的高性價比,使許多服飾企業陷入「只能靠特賣會才賣得掉商品」的困境。

🏛 嶄新的「LifeWear」概念

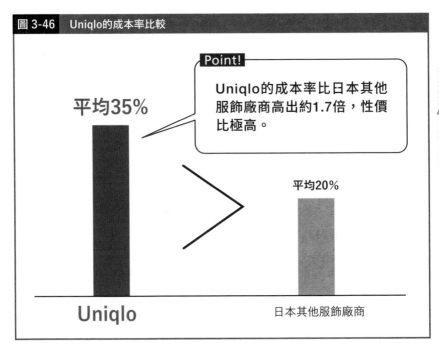

圖 3-46　Uniqlo的成本率比較

平均35%

Point!
Uniqlo的成本率比日本其他服飾廠商高出約1.7倍，性價比極高。

平均20%

Uniqlo　　　　　　　　　日本其他服飾廠商

　　Uniqlo的競爭對手Zara和H&M被業界稱為「快時尚」（fast fashion），指的是將「當下流行的高度時尚商品」以「合理價格」，「在直營店短期展售」的模式。

　　Uniqlo以前也被人們視為快時尚品牌，但2016年公司打出「LifeWear」（服適人生）的品牌新概念，並讓GU接手快時尚的定位。

　　Uniqlo將LifeWear定義為「終極的日常服裝」，意指不挑選穿著對象，適合所有人的生活型態，並涵蓋日常生活的服裝。具體來說，發熱衣、科技空氣衣、特級極輕羽絨、刷毛衣、牛仔褲、Polo衫、喀什米爾羊毛等品

項，皆為LifeWear的代表性商品，是和休閒、商務、正式等既有的服飾種類截然不同的概念。

🏛 迅銷集團的「下一步」

為了讓提倡LifeWear的Uniqlo普及全球，迅銷集團推行了「有明計畫」（Ariake Project）。**迅銷集團透過SPA模式成為了全球企業，下一個目標就是進化為「資訊製造零售業」**。

2017年2月，Uniqlo將總部遷至位於東京有明地區的倉庫，目的是解除以往的垂直型組織，並將商品企畫、生產、行銷等部門約千名員工集結在有明總部，建立扁平化組織。

在新總部，分析Uniqlo電商網站三十萬筆以上的消費者評價，用於新商品的開發。Uniqlo得以**建立機制，在商品開發方面即時反映消費者評價，比其他公司率先製造出消費者想要的商品**。

🏛 將顧客沒有意識到的需求，進一步商品化

從2018年夏季開始，做為「有明計畫」的一環，迅銷集團展開了與Google的共同企畫：在Uniqlo所有商品裝上「電子標籤」（IC tag），取得「哪件商品被什麼樣的消費者在何時、何處購買」等資料，再加上從全世界

蒐集而來的顧客資料，**活用Google開發的機器學習和影像辨識技術，預測商品的趨勢及需求**。於是，Uniqlo搶先掌握到流行的服飾顏色或剪裁，推出商品，同時達成應該在哪個區域投入哪種商品的需求預測。

這種商業模式，具體實現了把各種資訊當作商品的製造方針，迅銷集團稱之為「資訊製造零售業」。

資訊製造零售業的目標是**「不做無用的東西」、「不搬運無用的東西」、「不賣無用的東西」**。柳井先生曾說：「我想做出超乎顧客所想，嶄新價值、真正優質、超越期待的衣服。」Uniqlo確立了資訊製造零售業的模式，並讓LifeWear在全球扎根，成為全球第一指日可待。

圖 3-47　Uniqlo「資訊×製造零售業」戰略的2大重點

POINT1

將「流行」迅速商品化

搶先掌握流行的服飾顏色或剪裁，推出商品，比其他公司率先販售消費者要的商品。

流行的顏色或剪裁　反映

POINT2

提高需求預測的精密度

執行應該在哪個區域、投入哪種商品的需求預測。以「不做無用的東西」、「不搬運無用的東西」、「不賣無用的東西」為目標。

樂天

Rakuten

樂天是最早著手於線上與線下融合的日本企業。解讀樂天逐步確立「經濟圈」的戰略，探尋其下一步。

解讀樂天「戰略 4.0」的關鍵字

- 平台
- 經濟圈
- 5G
- 手機

創立 > 1997 年
創辦人 > 三木谷浩史
現任董事長兼社長 > 三木谷浩史
主要事業 > 電子商務
2019 年營收 > 1 兆 2,639 億日圓（3,160 億台幣）

🏛 金融事業與電子商務是二大收益來源

日本國內最大市集型電子商務「樂天市場」，就是由樂天經營。我在此重新說明市集型電子商務的經營型態。

首先，電子商務的英文「E-commerce」的意義十分廣泛，所有在線上進行的交易皆屬之。「市集型」指的是將各個店家集中在一個大型網站的模式，經常被稱為「商城」，可說是「線上的虛擬商城」。2019年9月，進駐樂天市場的店家數量是4萬8,158家。

檢視樂天的財報，2019年的營收是1兆2,639億日圓（3,160億台幣）。營收的結構大概分為「網路服務」及「金融科技」，國內電商事業是屬於前者，營收是4,857億日圓（1,214億台幣），占整體約四成（38.4%）。因此，國內電商無疑是樂天的主力事業，但「樂天信用卡」、「樂大銀行」、「樂天證券」等金融科技部門的營收（4,864億日圓）微幅領先。近年，樂天的營收成長率提升，兩者差距似乎拉得更大。現在的樂天可說是「金融公司」。

🏛 常與Amazon做比較，但兩者商業模式有異

樂天經常拿來和Amazon做比較。的確，以電商事業

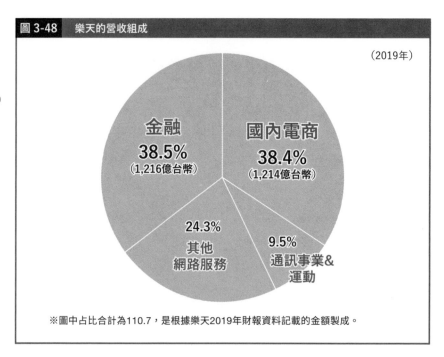

圖 3-48 樂天的營收組成

（2019年）

金融
38.5%
（1,216億台幣）

國內電商
38.4%
（1,214億台幣）

24.3%
其他
網路服務

9.5%
通訊事業&
運動

※圖中占比合計為110.7，是根據樂天2019年財報資料記載的金額製成。

來說，兩家企業歸在相同種類，但其實**樂天和Amazon 的商業模式有所差異。**

樂天市場的收益來自店家的「手續費」，主要是開店時的**「開店費用」**，以及賣出商品時的**「交易手續費」** 這兩種；消費者購買商品的費用，是屬於店家的營收，並不會成為樂天市場的收益。另一方面，Amazon的主力事業是直販型電商，Amazon就是賣家，消費者支付的費用會直接成為Amazon的營收。

因此，**樂天市場與Amazon「獲得營收的對象」不同。**

如今，樂天市場也已推行「樂天24」和「樂天Bic」

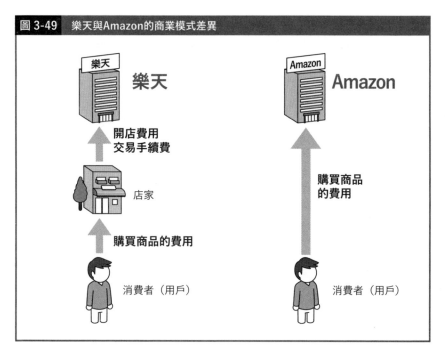

圖 3-49　樂天與Amazon的商業模式差異

樂天

開店費用
交易手續費

店家

購買商品的費用

消費者（用戶）

Amazon

購買商品
的費用

消費者（用戶）

等直販事業，而 Amazon 過去就有針對非 Amazon 的店家推出「Marketplace」，儘管兩間企業的經營方式有重疊，基本的商業模式卻有明顯差異。

電商實力與Amazon勢均力敵？

根據以上前提，試著比較兩家公司。日本 Amazon 在 2019 年的營收是 160 億美元（4,400 億台幣），這是除了直販以外，也包含從 Marketplace 店家收取的手續費和 Amazon Prime 的會員費等。樂天的營收則是 1 兆 2,639 億日圓（3,160 億台幣）。在營收上，由日本 Amazon 領

先。此外在電商事業，雖然Amazon並未公布資料，但從營收規模推測，應該也是超越樂天。

不過，在阿里巴巴章節說明過的「網站成交金額」方面（頁216），則是樂天領先。網站成交金額是消費者（用戶）在電商購買商品或服務的銷售總額，代表著平台及商業生態系的規模。樂天對外公布的國內電商網站成交金額是3兆9,000億日圓（9,750億台幣）。儘管以往Amazon並未公布資料，但2019年公布了Marketplace的2018年度營業額（成交金額）是9,000億日圓（2,250億台幣）。若將加入2019年成長率的金額合併營收，幾乎就可以當作Amazon的網站成交金額，合計是2兆7,000億日圓（6,750億台幣），比樂天少了1兆日圓。

由此可知，**即使樂天受到Amazon壓制，但依然盡力保持勁敵的地位。**

🏛 競爭對手「日本雅虎」的興起

然而，樂天的競爭對手不只Amazon。經營「雅虎商城」和「Yahoo!拍賣」等電子商務的日本雅虎，也迅速提高自身的存在感。

檢視日本雅虎在2018年4月～2019年3月的財報內容，營收是9,547億日圓（2,387億台幣），其中電商事業占了6,496億日圓（1,624億台幣）。也就是說，日本雅虎

圖 3-50　樂天對決Amazon，電商霸權之爭

營收（2019年）

3,160億台幣

4,400億台幣

國內電商的網站成交金額（2019年）

9,750億台幣

6,750億台幣
（推估值）

Point!

雖然樂天的營收不敵Amazon日本事業，國內電商網
站成交金額卻大幅領先，展現了堅強鬥志。

在電商事業的營收已經超越樂天的4,857億日圓。

而且，日本雅虎電商整體的網站成交金額是2兆3,442億日圓（5,861億台幣）。從這個數字看來，日本雅虎幾乎快要追上樂天。

雖然Yahoo!拍賣是日本最大的拍賣網站，但多年來，和樂天市場相同的市集型電商雅虎商城，卻始終居於樂天市場之下。

為了突破現狀，日本雅虎在2013年毅然提出「免收開店費用及交易手續費」的對策，藉此發起「電商革命」，這和阿里巴巴創立Alibaba.com時使用的手法幾乎一樣。

這個對策成功奏效，雅虎商城的店家數量急速增加。於是，相較於樂天市場擁有4萬8,158家商店（2019年9月），雅虎商城則是多達87萬2,889家（2019年3月），形成壓倒性的差距。

🏛 低迷的股市評價

日本雅虎自2019年10月轉換體制為控股公司，公司也更名「Z控股股份有限公司」，原本事業由重新設立的子公司「雅虎股份有限公司」接手。因此，往後的業績是以Z控股的名義發表。

Z控股的業績也包含2019年11月收購成為子公司的

圖 3-51 　樂天對決雅虎，日本電商霸權之爭

國內電商的營收

1,214億台幣
（2019年）

1,624億台幣
（2018年4月～2019年3月）

VS

國內電商的網站成交金額

9,750億台幣
（2019年）

5,861億台幣
（2018年4月～2019年3月）

VS

Point!

**日本雅虎幾乎快追上樂天，而且還收購了Zozo，
今後的網站交易金額應該會更接近樂天。**

Zozo旗下時尚購物網站「Zozotown」等。Zozo在2017年4月～2018年3月的營收是1,184億日圓（296億台幣），網站成交金額是3,231億日圓（808億台幣）。這使得Z控股的營收與樂天進一步擴大差距，網站交易金額亦是步步逼近。

樂天包括「金融科技」在內的金融事業持續成長，主力的電商事業則是受到競爭對手的追趕，轉為守勢——這個狀況也表現在股市的評價上。樂天的股價在2015年前半期一度拉高，之後卻大幅下跌且持續低迷，目前日本企業市值排名是100名（2020年3月18日）。

與Bic Camera合作，強化直販事業

當然，樂天對於現狀不會袖手旁觀，已經著手於投資以往較弱的直販事業，以及相關的物流事業。

直販事業方面，樂天和現有的大型零售業合作，大幅增加商品種類。2018年4月，開設與家電量販商Bic Camera共同經營的電商網站「樂天Bic」。用戶可以在樂天Bic確認Bic Camera實體店面的庫存，也能到店面領取網路訂購商品，藉此**達成了線上與線下的連動**。

2018年10月，開設與西友超市合作的「樂天西友網路超市」。同年12月在樂天市場開設美國沃爾瑪公司（西友的母公司）在日本的第一個電商網站「沃爾瑪樂

天市場店」，並提供獨家服務：消費者只要在網站下單，就會從美國沃爾瑪空運商品。

儘管有些落後，樂天仍然開始擴充自家公司的物流網，目前在日本國內設有五處「樂天超級物流」做為物流據點，並預計再新增二處。樂天超級物流以縮短配送時間為目標，除了保管、配送樂天商場的直販商品，也有負責其他店家的商品。

🏛 樂天的「下一步」

在日本企業中，樂天很早就提出「經濟圈構想」，逐步建立商業生態系。**在線上與線下融合的「OMO」方面，樂天可說是日本國內最進步的企業。**比方說，在樂天市場消費獲得的樂天點數，也能在實體店面使用。

不過，隨著支援行動條碼無現金支付的企業陸續出現，以及連結自家公司點數服務的趨勢變得普及後，樂天在OMO的優勢漸漸轉為薄弱。

面對這種情況，為了強化並擴大經濟圈，樂天自2019年10月起**正式進軍手機事業**，推出「虛擬行動網路業務」（MVNO）「樂天Mobile」。

MVNO指的是業者沒有自己的基地台等無線通訊基礎建設，而是向其他公司租借基礎建設，提供語音通訊或資料通訊。虛擬行動網路業務當中，加入樂天Mobile

的用戶數量稱霸市場。

樂天進軍手機事業的計畫，是要成為擁有通訊基礎建設的「行動網路業者」（MNO）。而且其目標有別以往企業，打算建立全新的通訊基礎建設。

🏛 數位內容發揮加乘效果

NTT Docomo、KDDI、軟銀等大企業，都是以個別的基地台進行通訊處理，但樂天的網路通訊是在雲端的虛擬資料中心進行。

樂天這套做法可以大幅減少設置或經營基地台的相關費用，可說是沒有通訊設備的新興業者才能採取的運作方式。

針對以往必須投資巨額設備的5G，這套做法也有用處，樂天只要祭出低廉的終端或通訊費用，就能從大企業手中奪取一定程度的市占率。截至2019年7月為止，樂天Mobile已有約220萬名的用戶。首先，要做的就是將這些用戶轉移至其他服務。

想要形成穩固的經濟圈，手機事業不可或缺。就像NTT Docomo的「d Point」一樣，多數用戶面對各種服務時，都會選擇能使用自己手機公司點數的服務。

此外，**一旦樂天Mobile推出5G服務，就能更有效地活用樂天專屬的數位內容**。例如，透過5G轉播職棒

「東北樂天金鷲隊」或足球J1「神戶勝利船」的比賽，就能提供360度攝影機拍攝的虛擬實境（VR）影像。

事實上，東北樂天金鷲隊的主場「樂天生命公園宮城球場」已經展開拍攝及轉播影像的實驗；樂天也成為了西班牙足球隊「巴塞隆納足球俱樂部」的贊助商，也許日後觀賞「巴薩」的比賽時，就能享有親臨現場的感受。

手機事業的成敗，將大大左右樂天的未來。

數位轉型
Digital Transformation

　　雖然一般人對數位轉型的認知還很少，但對國外大企業的多數管理階層來說，這是他們視為十分重要的經營課題關鍵字。

　　數位轉型的英文是Digital Transformation，「Transformation」意指「變形」或「變換」，因此Digital Transformation的直譯是「變成數位」。但這個說法容易導致誤解。

　　數位轉型原是瑞典于默奧（Umea）大學的艾瑞克・斯托特曼（Erik Stolterman）教授在論文《Information Technology and the Goodlife》中提出的概念。他將數位轉型定義為：「IT的普及讓人們的生活在各方面變得更好。」

　　另外，日本經濟產業省（類似台灣經濟部）2018年9月發表的《面對未來資訊系統以及DX下的全面部署》（ITシステム2025年の崖の克服とDXの本格的な展開）這份報告中，將數位轉型定義為：「為了強化將來的成長與競爭力，活用嶄新的數位技術，創造且靈活改變新的商業模式。」這種說法融入了斯托特曼教授的想法，並以經營者的觀點重新賦予定義，比較接近正確解釋。

　　如經濟產業省的報告標題所示，數位轉型的簡稱是「DX」，因為歐美國家通常將Transformation簡稱為X，Digital Transformation的簡稱就變成DX。

　　各位可將數位轉型理解為「活用數位技術，創造新價值」，但從企業的實際對策來看，多是單指增加業務的效率，故隨處可見只是「變成數位」的情況。打著數位轉型名號成立的零售電商，容易引人關注，但光是如此並無法達到「建立新的商業模式」、「創造新價值」，也就失去了數位轉型的意義。

　　數位轉型包含了業務的數位化、系統化、服務網路化或雲端化等各種因素，但絕非如此而已；也可說是企業的IT戰略或經營戰略，但也不只如此而已。

　　數位轉型關乎的是企業最根本的使命和願景，是必須改革企業，進而培育的DNA。

豐田汽車

Toyota

長久以來，Toyota 一直以最高市值稱霸日本企業。面對著激烈轉型的汽車產業，Toyota 也試圖改頭換面。從 Toyota 的戰略4.0，解讀其下一步。

解讀 Toyota「戰略 4.0」的關鍵字

- 🔒 自動駕駛
- 🔒 AI
- 🔒 IoT
- 🔒 智慧城市

創立 > 1937 年
現任執行董事兼社長 > 豐田章男
主要事業 > 汽車製造
2018 年 4 月～ 2019 年 3 月營收 > 30 兆 2,257 億日圓（7 兆 5,564 億台幣）

🏛 連續超過15年，股票市值皆為日本第一

　　Toyota汽車（以下簡稱Toyota）是名副其實的日本最大企業。其股票市值為20兆7,527億日圓（5兆1,882億台幣），與第二名NTT Docomo的9兆7,139億日圓（2兆4,285億台幣）之間，有著兩倍以上的差距，Toyota穩坐龍頭寶座（2020年3月17日）。

　　而且，Toyota**從2004年起，已經連續超過十五年保持第一。**

　　近年的財報也表現亮眼，2018年4月～2019年3月的

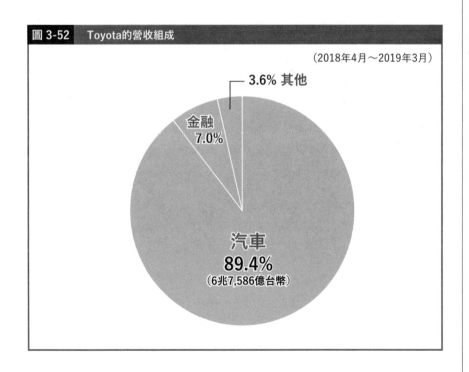

圖 3-52　　Toyota的營收組成

（2018年4月～2019年3月）

3.6% 其他

金融
7.0%

汽車
89.4%
（6兆7,586億台幣）

營收是30兆2,257億日圓（7兆5,564億台幣），創下史上最高紀錄。**全年營收超過30兆日圓，更是日本企業首例。**2019年4月～9月的營收與銷售數量也更新了歷史紀錄。具有如此規模的公司還能持續成長，著實不容易。

此外，Toyota在全球市場與德國的福斯汽車展開市占率的激戰。全球的銷售數量中，2016年起連續三年由福斯汽車取得第一，但2018年Toyota僅以1,032萬台些微落後福斯的1,067萬台。

🏛 創立於戰前

Toyota的原點是1926年11月創立的豐田自動織機，是製造織布機的廠商，1933年設置了汽車部門，就是Toyota。

做為豐田自動織機的汽車部門，1935年推出首部市售車「Toyota GI型卡車」，隔年推出首部乘用車「Toyota AA型乘用車」。1937年，汽車部門成立分公司，即為Toyota汽車工業。

創辦Toyota的豐田喜一郎，是豐田自動織機創辦人豐田佐吉的長子。現任第11任社長豐田章男，則是喜一郎的孫子（順帶一提，姓氏「豐田」的日文讀音是「Toyoda」）。

創業超過80年，Toyota持續成長為世界第一汽車廠商，成果令人驚嘆，而且指揮經營的社長是創辦人的直系後代，也可說是一大特色。

🏛 創業時已建立「看板管理」基本理念

Toyota的優勢在於生產過程的管理方式——「看板管理」，也就是在產品的生產過程中，只在必要的時候製造必要數量的必要產品，徹底杜絕浪費。

雖然日文的「看板」意指店家招牌，但這裡是指記載著注意事項的小卡。小卡上寫著「何物、何時、生產多少數量」等資訊，依照小卡的指示製造零件，各工廠之間只會接收必要數量，並能消除庫存。

閱讀Toyota社史等資料，便能發現創業時已有在生產過程中「徹底杜絕浪費」的理念。1960年代初期，Toyota正式確立了看板管埋原則，1963年，全廠採取該模式。

🏛 「看板管理」升華為經營模式

看板管理目前在全球也廣受研究且獲得好評。在歐美的商學院，製造業的經營課程幾乎都會提到這個理念。

不過，即使學習這套理論，也很難輕易仿效其精髓。

因為**「看板管理」不只是生產過程的管理方式或存貨調整的手段**，而是應該視為 Toyota 多年來建立起來的「經營模式」。

一般來說，廠商在製造現場採取的生產管理方式，必定會導入公司層級的經營模式，因為生產管理與經營模式的各種功能是緊密連結的。也就是說，生產管理與經營模式對廠商來說，是表裡一致的存在。

為了全面啟動生產管理系統，前提就是必須導入公司層級的經營模式。儘管看板管理是非常優秀的模式，但僅僅應用在生產方式，並無法達到多大的效果。以看板管理進行整體經營才是關鍵。

Toyota 完美實現了這件事，做為製造商，這成為最大的武器。

🏛 次世代汽車產業的關鍵概念「CASE」

如今，**汽車產業面臨重大的轉型期。中國和美國已經展開自駕車的商用化，自動駕駛的時代已正式到來。**

要理解次世代汽車產業，有個不可或缺的重點，那就是賓士集團母公司戴姆勒（Daimler）在 2016 年提出的中長期戰略**「CASE」**。

如右頁所示，「CASE」是由四個英文單字的首字母組成。四個單字之中，**「Electric」（電能驅動）在國**

圖 3-53	2016年戴姆勒公司提出的中長期戰略「CASE」

C (Connected)　　　　　　＝聯網科技

A (Autonomous)　　　　　 ＝智慧駕馭

S (Shared & Services)　 ＝共享與服務

E (Electric)　　　　　　　 ＝電能驅動

外汽車產業已是既定路線，頗有進展。

　　說到自動駕駛，如前文所述，已經從商用化進入實用化的階段，這一、兩年是勝負的關鍵。現在眾人關注的問題是，在C和S的領域，哪家企業將如何掌握霸權。

🏛 汽車成為「智慧型手機」

　　代表「Connected」的C意即，汽車串連一切。在完全自動駕駛的同時，駕駛可以在車上輕鬆地看電影、購物，或是進行會議討論。

也就是說，**由汽車負責智慧型手機的功能**，這樣的汽車稱為**「聯網汽車」**。隨時連接網路，除了自動駕駛，還能獲取各種資訊、使用各種服務。

🏛 汽車廠商的主戰場移至「智慧城市」

至於S雖排在第三，重要度卻比C更優先。

說到「共享」，通常會想到「共享汽車」或「搭便車」，但不光是如此。多人使用一輛汽車，稱為共享或「共乘」，但這只是汽車使用的一種型態。

S的本質涵蓋卡車、無人機、汽車或能源等，其目標是控制這些項目，實現人與物之間有效率往來的「智慧城市」。智慧城市原是指促進可再生能源的有效利用，徹底節能的「環境友善城市」。不過，現在的重點則是「利用IT和AI，在包含節能等所有層面在內，打造效率城市」。

在智慧城市，象徵交通工具或移動手段的「機動性」與「能源」融合，進而交疊成「IoT」（物聯網）。建立以電動車（EV）為中心的交通系統，是智慧城市的關鍵，因為交通及物流勢必伴隨龐大的能源消耗。

智慧城市和前文在百度章節提到的「智能城市」幾乎是相同的意思（頁210）。因此，**在將智慧城市視為主戰場的次世代汽車產業，除了汽車廠商以外，IT、電機、**

能源、電商等各種產業皆有競爭對手加入，由誰掌握霸權都不足為奇。

🏛 Toyota的危機感

由此看來，在次世代汽車產業的競爭，市占率不如以往重要。雖說是汽車廠商，卻不再是以銷售數量一決勝負，**而是銷售服務，甚至是平台的霸權爭奪。既有汽車廠商的商業模式已無法通用，產業結構可能徹底改變。**

現狀可說是一帆風順的Toyota，對於次世代汽車產業的競爭抱著極大的危機感。在財報會議上，豐田社長屢屢坦言：「我們面對的不是勝負，而是生死之爭。」

針對現狀，Toyota已經開始進行各種部署，2018年6月起，Toyota正式啟用聯網汽車，並開始販售搭載連接車輛控制網路車載通訊裝置的車款Crown及Corolla。Toyota聯網汽車的各種服務，是從Toyota建立的聯網汽車資訊基礎建設「交通行動服務平台」所提供，今後，也將針對其他車種進行「聯網科技化」計畫。

🏛 Toyota的「下一步」

2020年1月，Toyota公布一項大膽的企畫，就是串連所有事物與服務的實驗城市「聯網城市」的構想，並將

在位於靜岡縣裾野市、2020年底關閉的東富士工廠遺址，打造智慧城市。Toyota將這個實驗城市命名為「Woven City」（網城）。

2021年開始動土的Woven City，除了Toyota以外，也向全球的企業和研究者招手。透過與參加夥伴的合作，在人們實際生活的真實環境中，進行自動駕駛的CASE、智慧家庭（Smart Home）、機器人等其他的實證實驗計畫。

只要該計畫發揮作用，以Toyota為中心的參與夥伴之間就會產生合作、相互依賴的關係，建立起共存共榮、加乘擴大的商業生態系。

這麼看來，很有可能誕生出與GAFA和BATH匹敵的平台。

2020年3月24日，Toyota也發表了和電信公司NTT的業務資本合作。在記者會上，針對智慧城市的構想，兩家公司的社長表明是以彼此為基礎，共同「對抗GAFA」。Toyota與NTT共同研發智慧城市的關鍵「都市OS」，其動向今後將會持續受到關注。

圖 3-54 汽車產業的「競爭」轉型

以往的汽車產業

汽車廠商

汽車廠商之間以銷售數量
爭奪市占率

透過IoT
或AI技術的活用,
商業模式徹底改變

次世代汽車產業

IT業界　電機業界　　　　　　　　　　能源業界　電商業界

汽車廠商

除了汽車廠商,各種產業紛紛加入,
轉型為服務和平台的霸權之爭!

戰略4.0企業的「金融事業」

　　檢視日本國內的戰略4.0企業，致力發展金融領域的部分引人關注。樂天的金融事業與主力事業幾乎不相上下；Sony的金融事業約占營收的15%；Toyota的金融事業營收高達2兆1,203億日圓（5,301億台幣），雖然只占整體營收7%，但營業利益卻占了13.1%，不僅創造龐大的營收，更是Toyota的高收益部門。檢視各企業過去的營收變動，金融事業穩定成長，持續提高收益。

　　不過，金融事業的意義依各公司而異。樂天是在「樂天經濟圈」之下，擴大對樂天用戶提供的銀行或證券等金融服務領域的優惠。也就是說，透過樂天用戶的增加，擴大樂天經濟圈的加乘效應，提高金融事業的營收。Sony方面，雖然其金融事業是與本業的遊戲事業切割後才有所成長，但Sony的「品牌力」無疑是一大助力。至於Toyota的金融事業主力是「車貸」，因此汽車的銷售額會直接反應在金融事業的營收。2020年推出的行動支付App「Toyota Wallet」以提升Toyota「聯網城市」的支付便利性為目標，正式加入其他金融服務，這點也十分受到關注。在率先推出行動支付的中國，阿里巴巴和騰訊已取代銀行或證券公司，成為金融服務的主角。透過整合即時通訊、社群網路、支

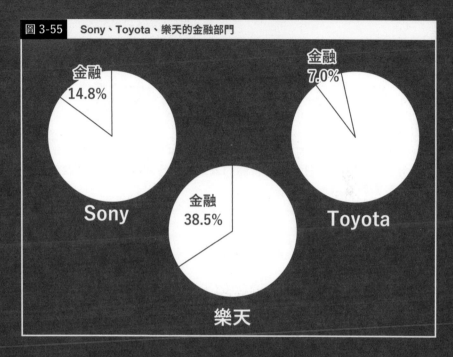

| 圖 3-55 | Sony、Toyota、樂天的金融部門 |

金融
14.8%

Sony

金融
7.0%

Toyota

金融
38.5%

樂天

付等各種App的「Super App」，用戶就可以使用存款或貸款等金融服務。雖然阿里巴巴和騰訊並未公開金融事業的營收，但預估營收成長率大幅超過其他事業。今後，只要中國的智慧城市持續發展，將會有進一步的成長。

GAFA當中的Amazon與Apple也正在積極推行支付事業。由於Amazon有從事信貸業務，等同提供基本的銀行服務。

今後，包含既有金融機構在內的日本金融事業，遲早會捲入全球規模的經濟圈之爭。與國外企業競爭的同時，必須更進一步強化陣營。

「戰略 4.0」的未來

PART 3 介紹了十五家戰略 4.0 企業的「下一步」,最後我將針對這些企業與日本企業整體的未來,進行一番說明,以做為本書的總結。

🏛 「IoT」象徵「社會數位化」

目前的趨勢,簡而言之就是「社會數位化」。不僅本書提到的 GAFA 或 BATH 這些企業,各種企業都在以往尚未數位化的領域,透過數位化確立商業模式、提高收益。

基於這種狀況,象徵著社會數位化的關鍵字正是「IoT」。雖然 IoT 常被翻譯為「物聯網」,但它不只是利用網路串連起與網路無關的事物。應該說,IoT 是一套整體系統,置入物品之中的感測器和電腦,蒐集各種資料進行解析,並轉換為有價值的資訊。

社會的一切融入 IoT 系統,即時交換資訊——這就如同實現了社會數位化。

本書屢屢提到的經營學者科特勒,針對「行銷 4.0」成為必要的時代,提出了「線上經驗與線下經驗無縫融

合的時代」的論述。透過IoT創造的社會數位化，可說就是實現「線上融合線下」的時代。

🏛 科技巨擘的「直球對決」

我想許多人應該也察覺到，科技巨擘在事業領域上越來越不分軒輊。

以往，在電商領域是「Amazon對決阿里巴巴」，搜尋引擎是「Google對決百度」，這些組合十分受到人們關注。然而，在雲端或智慧音箱這個快速成長的領域，卻是「Amazon對決Google」的激烈對立。自動駕駛領域也不只是Google對上百度，還有華為、Toyota和Sony一同陷入激戰，Apple推出「iCar」也是指日可待的事。

這種發展似乎已經不足為奇，因為這些企業都登上了社會數位化的擂台。

Google的使命是「匯整全球資料，以供大眾使用及帶來效益」，這項理念應該也已經內化於各家科技巨擘了。

數位社會的基礎建設是AI、大數據、雲端等，各家科技巨擘為了掌握這個基礎建設平台的霸權，紛紛將經營資源集中在AI、大數據、雲端等技術，今後的直接對抗想必會變得更加激烈。

🏛 「CES」的主角是「個人隱私」

關於今後的競爭，我推測掌握關鍵的是科技巨擘所面臨的社會情勢變化。近來，就發生了如實呈現這項變化的事件。

美國拉斯維加斯舉辦的「CES」（Consumer Electronics Show）被稱為全球最大的消費電子展，但2020年舉辦的「CES2020」卻發生了異常情況：最受到矚目的不是科技，而是「個人隱私」。

自1992年以來、睽違28年首度參加CES的Apple，派出了「首席隱私官」（CPO, Chief Privacy Officer）告知大眾，Apple內部有著「隱私工程師」和「隱私律師」這樣的職位，並且全程參與產品或服務的開發階段。

此外，Apple也以「資料蒐集最小化原則」（Data Minimization）一詞，表明公司只會運用iPhone蒐集最低限度的個人資料，應用於服務時也僅限於最小必要性的資料。從Apple官網提出的「隱私是基本人權」就能知道，執行長庫克設下了嚴格的隱私標準。

睽違28年參加CES，卻得說明身為企業該如何思考隱私權，而非產品或技術，這正是因為隱私權問題在美國日益嚴重（一同與會的Facebook首席隱私官的發言，在現場引起一片噓聲）。

🏛 Google的商業模式面臨歧路

2020年1月1日，美國加州正式實施「消費者隱私保護法」（CCPA），不只是實名、住址、連絡方式，線上識別碼（ID）、IP位址、瀏覽紀錄、搜尋紀錄，甚至是反映消費者性格、心理傾向、喜好等的個人簡介，皆屬「個資」，只要企業使用個資的方式違法，就應索取高額的損害賠償。

彷彿是要配合這項法律的實施一樣，Google公布了往後兩年該公司瀏覽器「Chrome」可取得網路瀏覽紀錄的「cookie」使用規範。由於cookie也是CCPA的限制對象，對Google而言，此舉將大幅減少運用瀏覽紀錄等個資的「目標式廣告」。為此，必須大大改變以往的商業模式。

這類的隱私相關限制，今後想必會更加嚴格。以美國為首的「GAFA經濟圈」的隱私權限制，對美國科技巨擘的大數據蒐集無疑是一大難關。

🏛 隱私權限制對中國企業有利？

中國企業在「CES2020」的展示規模縮小，阿里巴巴沒參加，華為雖有設置攤位，規模卻比往年大幅縮小。由此可知，象徵貿易戰爭的「美中新冷戰」對CES也產

生了明確的影響。

如前文所述，美國加強了隱私權限制，但中國卻不見這個趨勢。應該說，中國反而是在國家政策下，透過大規模監控達成穩定的社會秩序。

也就是說，美國GAFA與中國BATH今後在大數據的蒐集量，形成差距的可能性提高。不過，這對中國企業未必有利。因為在包含日本在內的自由主義經濟圈當中，像中國這樣大規模監控侵害了憲法規定的人權，是絕對不能踏入的領域。隱私權限制將是不可避免的事。

自由主義經濟圈的企業，過去為了突破這類限制或難關，紛紛開發新技術、持續發起改革。隱私權限制或許會成為自由主義經濟圈企業的優勢所在。

🏛 日本企業掌握了「隱私科技」的霸權？

隱私權限制的浪潮起於歐洲，目前已湧入美國，遲早會波及日本。但日本尚未培育出規模遍及全球的平台企業，隱私權的議題相對落後。

我曾參與過公平交易委員會反壟斷法座談會，自2018年起，該會不斷針對數位平台業者的規範進行討論，政府也預計提出企業的cookie使用法案。儘管落後是事實，但只要課題明確就有助於建立方針，日本企業仍有可能獲得後進者優勢。

我由衷期盼，日本企業有朝一日出現達成「資料的使用與活用」和「重視隱私權」的「隱私科技」平台。

🏛 戰略4.0與「永續性」

社會、經濟所處的環境，正面臨一個我們無法擺脫的變化，那就是自然資源破壞所造成地球氣候變遷等環境問題。

世界各地幾乎每年都會發生極端氣候，許多人的生活受害甚深，經濟上也造成莫大損失。2019年，日本也遭逢哈吉貝颱風等災害。環境問題已是我們切身且迫切的問題。

2020年，「新冠病毒」在全世界爆發，阻斷了代表著經濟生命線的人們和物品的流通，讓人類生活瀕臨重大危機。

由於環境問題或新風險不斷發生，「永續性」（sustainability）這個概念重新受到關注。其特別重視環境、社會、經濟這三個觀點，是讓世界得以永遠存續的概念。

目前，在商業領域已可見其影響。2019年8月，Amazon執行長貝佐斯和Apple執行長庫克等人參加美國最具影響力經營者團體「商業圓桌會議」（Business Roundtable）時宣示：「重新評估『股東至上主義』，

轉換為尊重從業人員或地方社群的『利益相關者資本主義』。」

他們反省以往的股東至上主義所引起的環境破壞和貧富差距擴大等各種問題，決定改變方向，轉為尊重從業人員或地方社群的利益相關者資本主義。以股東利益為優先，造成社會或經濟的永續性受損，已是不再允許之事。

2020年1月舉辦的「世界經濟論壇年會」（因為辦在瑞士滑雪勝地達佛斯，又稱為達佛斯論壇）當中，利益相關者資本主義也成為主要議題，掀起巨大浪潮。

在今後的商業界，除了永續性以外，共享經濟、SDGs（永續發展目標）等概念將變得越來越重要。這也是推測今後戰略4.0不可或缺的觀點。

地球觀　70

經營戰略4.0圖鑑
美國MAMAA、中國BATH等全球15家尖牙企業，七大關鍵字洞見「未來優勢」祕密！
經営戦略4.0図鑑

作　　者　田中道昭
譯　　者　連雪雅

野人文化股份有限公司
社　　長　張瑩瑩
總 編 輯　蔡麗真
責任編輯　王智群
行銷經理　林麗紅
行銷企畫　蔡逸萱、李映柔
校　　對　魏秋綢
封面設計　萬勝安
內頁排版　洪素貞

讀書共和國出版集團
社　　長　郭重興
發行人兼出版總監　曾大福
業務平臺總經理　李雪麗
業務平臺副總經理　李復民
實體通路組　林詩富、陳志峰、郭文弘、吳眉姍
網路暨海外通路組　張鑫峰、林裴瑤、王文賓、范光杰
特販通路組　陳綺瑩、郭文龍
電子商務組　黃詩芸、李冠穎、林雅卿、高崇哲
專案企劃組　蔡孟庭、盤惟心
閱讀社群組　黃志堅、羅文浩、盧煒婷
版 權 部　黃知涵
印 務 部　江域平、黃禮賢、林文義、李孟儒
出　　版　野人文化股份有限公司
發　　行　遠足文化事業股份有限公司
　　　　　地址：231 新北市新店區民權路 108-2 號 9 樓
　　　　　電話：（02）2218-1417　傳真：（02）8667-1065
　　　　　電子信箱：service@bookrep.com.tw
　　　　　網址：www.bookrep.com.tw
　　　　　郵撥帳號：19504465 遠足文化事業股份有限公司
　　　　　客服專線：0800-221-029
法律顧問　華洋法律事務所　蘇文生律師
印　　製　博客斯彩藝有限公司
初版首刷　2022 年 1 月

ISBN 978-986-384-635-2（平裝）
ISBN 978-986-384-648-2（epub）
ISBN 978-986-384-647-5（pdf）

國家圖書館出版品預行編目（CIP）資料

經營戰略 4.0 圖鑑：美國 MAMAA、中國
BATH 等全球 15 家尖牙企業，七大關鍵字
洞見「未來優勢」祕密 !/ 田中道昭著；連
雪雅譯 . 一初版 . 一新北市：野人文化股份
有限公司出版：遠足文化事業股份有限公司
發行，2022.01
　　面；　　公分 . 一(地球觀；70)
譯自：経営戦略 4.0 図鑑
1. 企業經營 2. 策略規劃 3. 策略管理

494.1　　　　　　　　　　　110020171

KEIEI SENRYAKU 4.0 ZUKAN
Copyright © 2020 MICHIAKI TANAKA
Originally published in Japan 2020 by SB Creative
Corp.
Traditional Chinese translation rights arranged with
SB Creative Corp. through AMANN CO., LTD.
ALL RIGHTS RESERVED

經營戰略 4.0 圖鑑

野人文化　野人文化
官方網頁　讀者回函

線上讀者回函專用
QR CODE，你的寶
貴意見，將是我們
進步的最大動力。